新冷戦考

日本の防衛力の今

斉藤光政（東奥日報 編集委員）

小学館

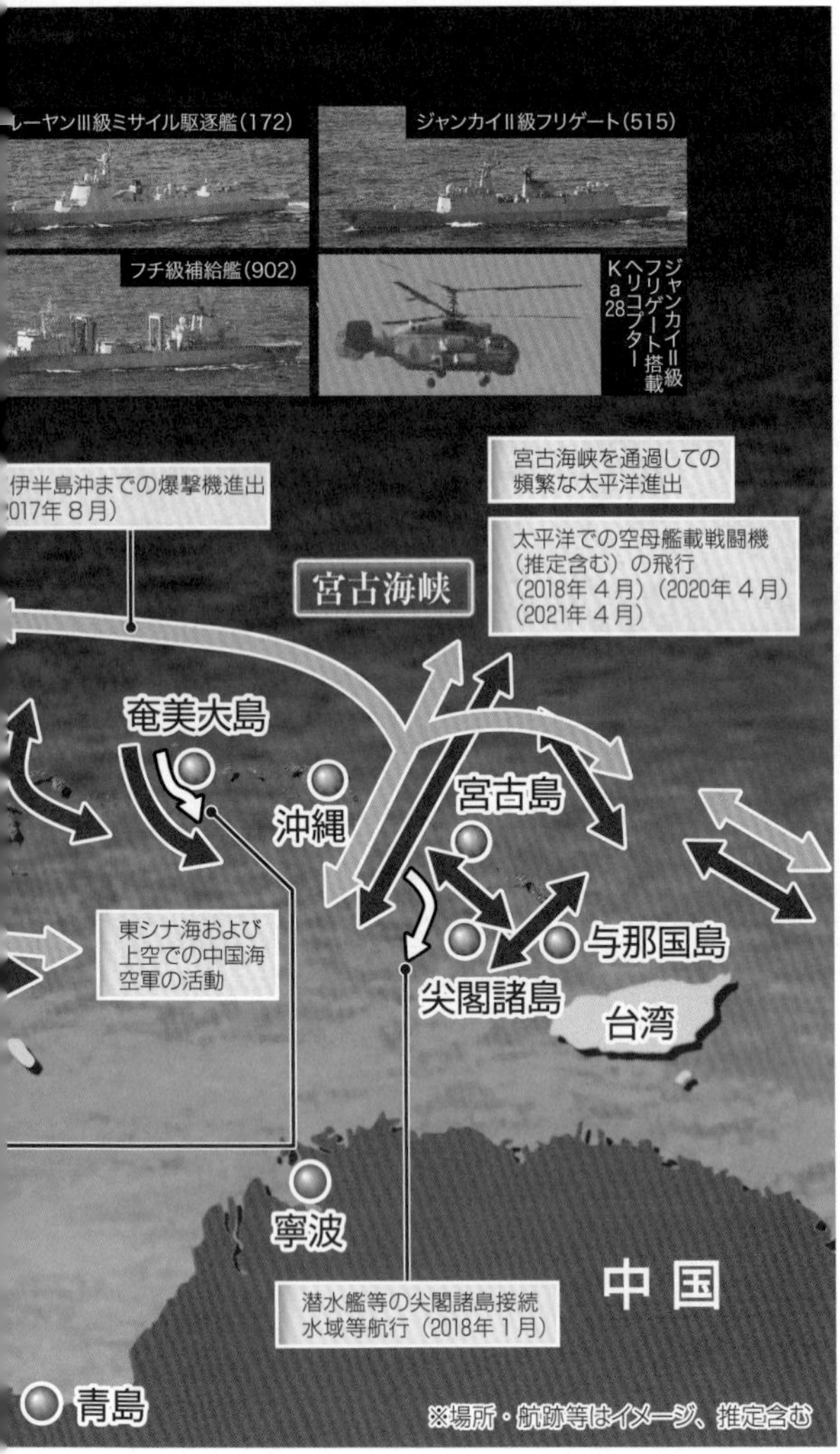

⬅中国は自国の防衛ラインとして海洋上に「第1列島線」「第2列島線」（45ページ参照）を独自に設定している。このうち「沖縄～台湾～フィリピン」を結ぶラインが第1列島線。第1列島線上に位置する南西諸島は、この中国の防衛ラインに対峙する国防最前線になる。中国側から日本を望む「逆さ日本地図」を見ると、南西諸島の防衛が重要であることがわかる。同時に、宗谷海峡、津軽海峡もまた国防上重要な地点であることが読み取れる。

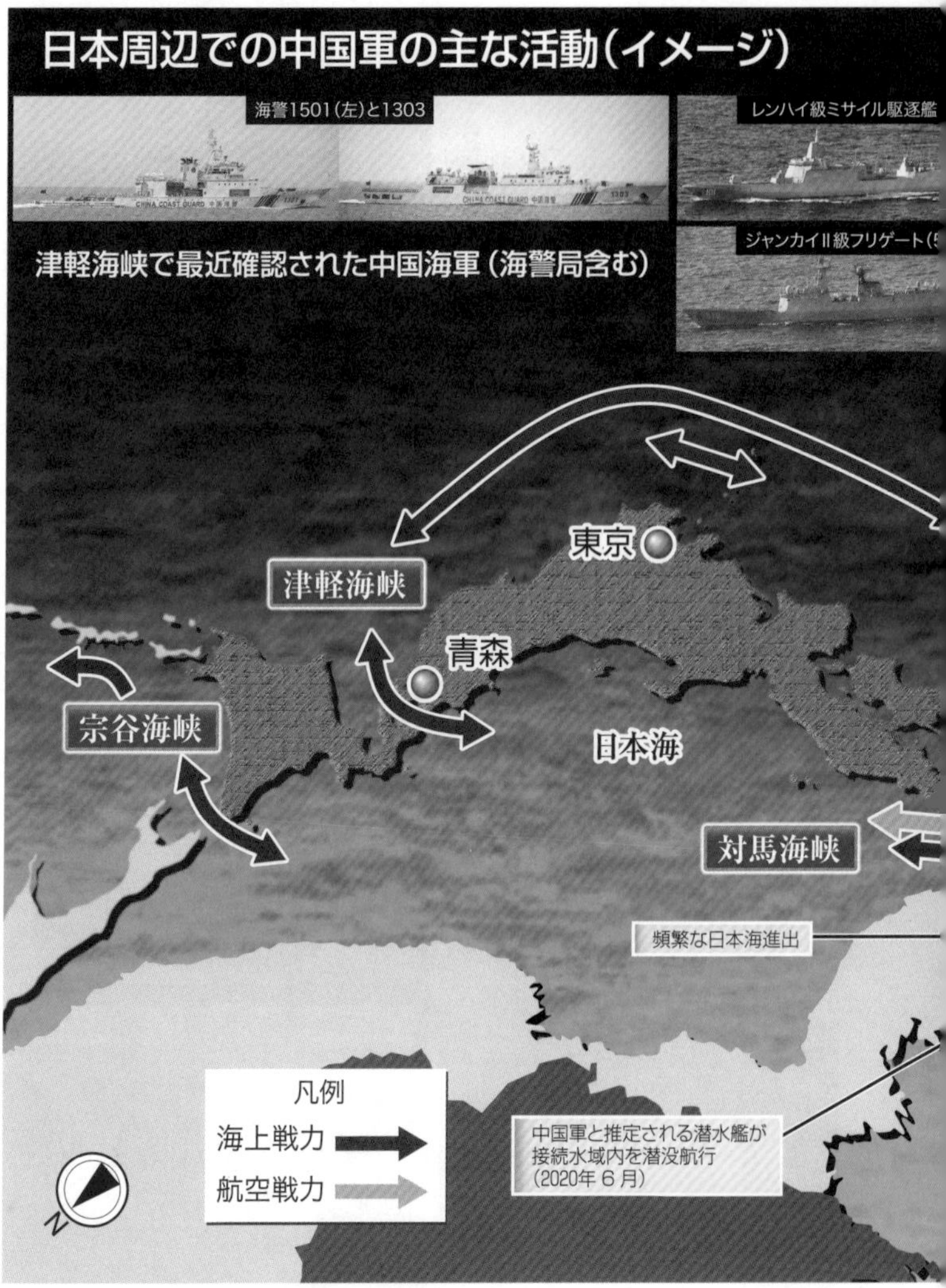

2021年版『防衛白書』をもとに東奥日報社が作成
（写真は海自、海保が2019年〜2021年に撮影）。

⬅中国の防衛ライン「第1列島線」と海洋で接する南西諸島の防衛整備が急速に進められている。

1996年に編成された陸自八戸駐屯地の「第4地対艦ミサイル連隊」が改編され、奄美大島の瀬戸内分屯地に第301地対艦ミサイル中隊として、さらには石垣島に第303地対艦ミサイル中隊として南西諸島で新編成された。こうした自衛隊の「南西シフト」の動きを詳報する。

88式地対艦誘導弾(88SSM)

射程　150キロ以上
速度　約1100キロ（推定）
全長　約5メートル
重量　約660キロ
配備　1988年

↓ 装備更新中

12式地対艦誘導弾(12SSM)

射程　200キロ以上
　　　最大900キロ以上目指し改良中
　　　最終的には1500キロまで延伸？
速度　不明
全長　約5メートル
直径　約0.35メートル
重量　約700キロ
配備　2012年
※データはミサイル1発当たり。
　各種資料を参考

第4地対艦ミサイル連隊の動き

1996年3月	▸ 第4地対艦ミサイル連隊が東北方面隊直轄部隊として陸自八戸駐屯地で編成
2019年3月	▸ 第4地対艦ミサイル連隊の第4中隊を廃止。第301地対艦ミサイル中隊(第5地対艦ミサイル連隊、熊本県健軍駐屯地)に再編成
	▸ 同中隊を奄美大島の瀬戸内分屯地に配備
2022年3月	▸ 第4地対艦ミサイル連隊の第3中隊を廃止
	▸ 第303地対艦ミサイル中隊が第5地対艦ミサイル連隊(熊本県健軍駐屯地)指揮下で新編成

九州・南西諸島地域への主要部隊の配備（2016年以降

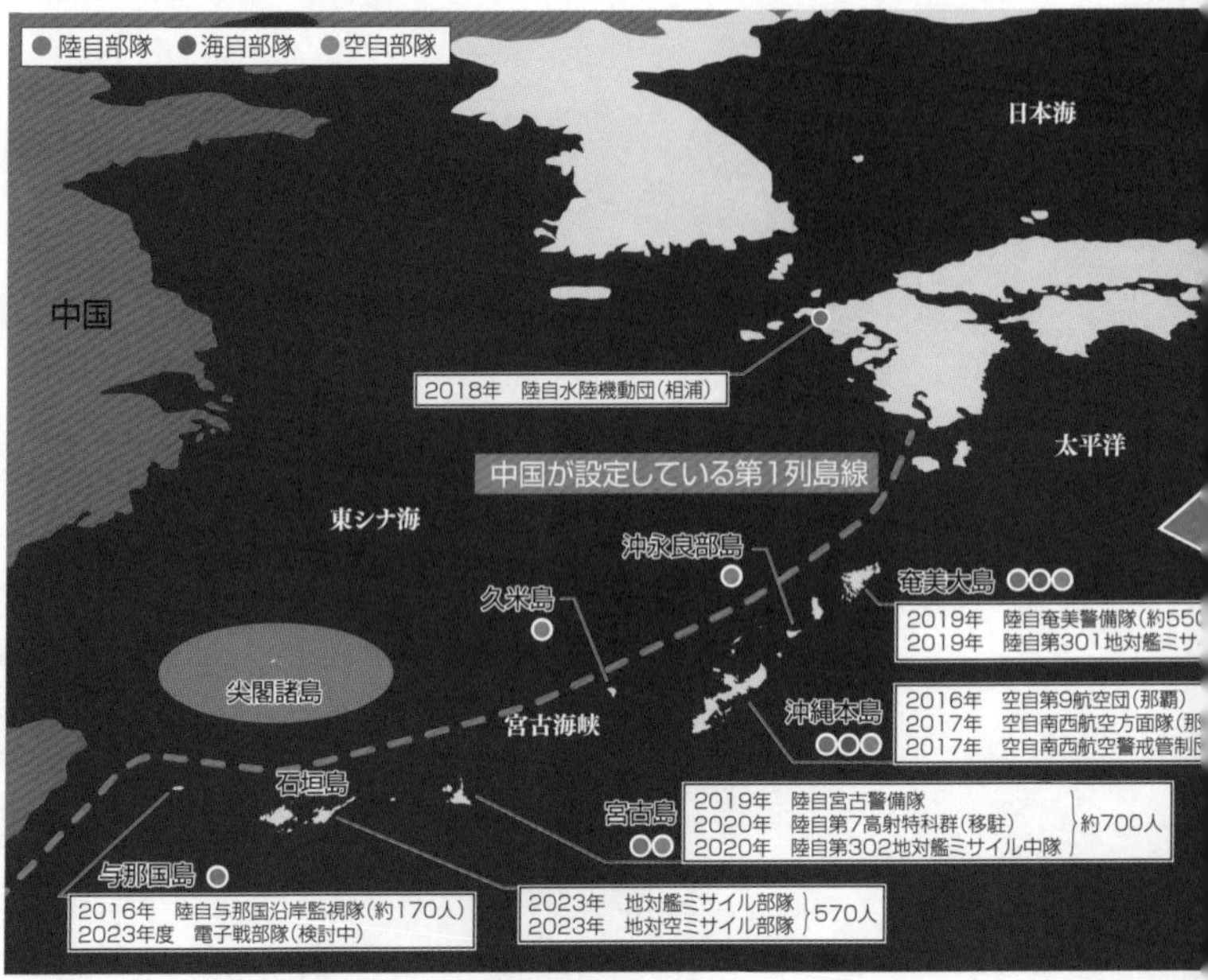

● 陸自部隊 ● 海自部隊 ● 空自部隊
日本海
中国
2018年 陸自水陸機動団（相浦）
太平洋
中国が設定している第1列島線
東シナ海
沖永良部島
奄美大島
2019年 陸自奄美警備隊（約55
2019年 陸自第301地対艦ミサ
久米島
尖閣諸島
沖縄本島
2016年 空自第9航空団（那覇）
2017年 空自南西航空方面隊（那
2017年 空自南西航空警戒管制
宮古海峡
石垣島
宮古島
2019年 陸自宮古警備隊
2020年 陸自第7高射特科群（移駐）
2020年 陸自第302地対艦ミサイル中隊
約700人
与那国島
2016年 陸自与那国沿岸監視隊（約170人）
2023年度 電子戦部隊（検討中）
2023年 地対艦ミサイル部隊
2023年 地対空ミサイル部隊
570人

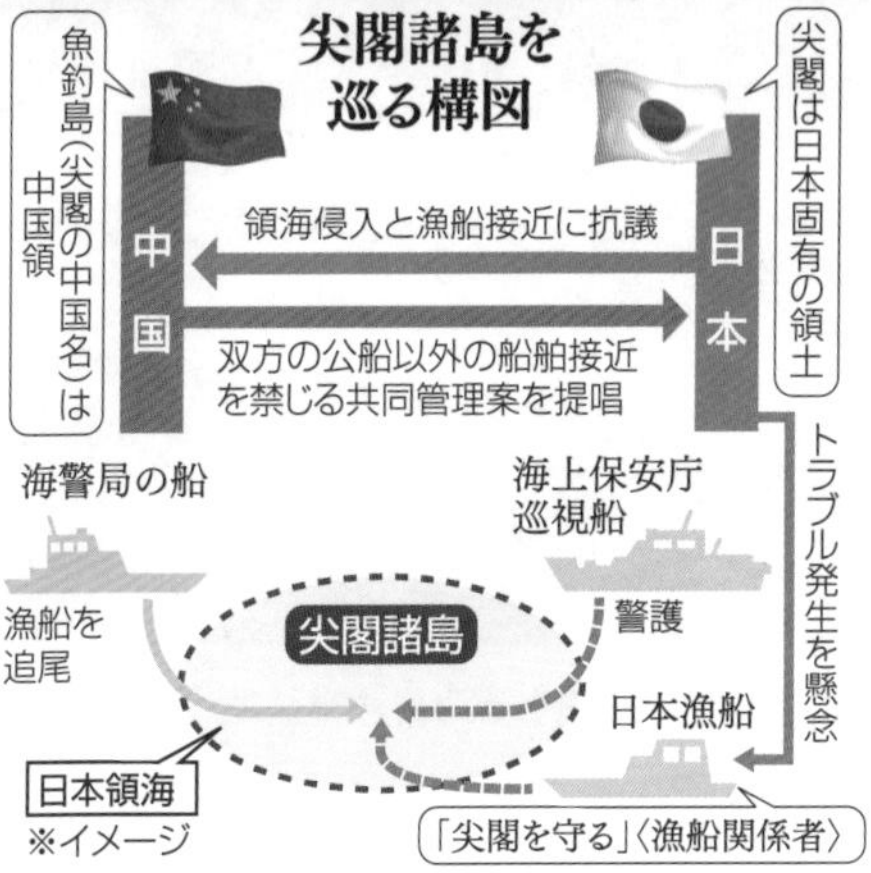

尖閣諸島を巡る構図
魚釣島（尖閣の中国名）は中国領
尖閣は日本固有の領土
中国
日本
領海侵入と漁船接近に抗議
双方の公船以外の船舶接近を禁じる共同管理案を提唱
トラブル発生を懸念
海警局の船
海上保安庁巡視船
漁船を追尾
尖閣諸島
警護
日本漁船
日本領海
※イメージ
「尖閣を守る」〈漁船関係者〉

※2021年版防衛白書を基に作成
（イメージ図）

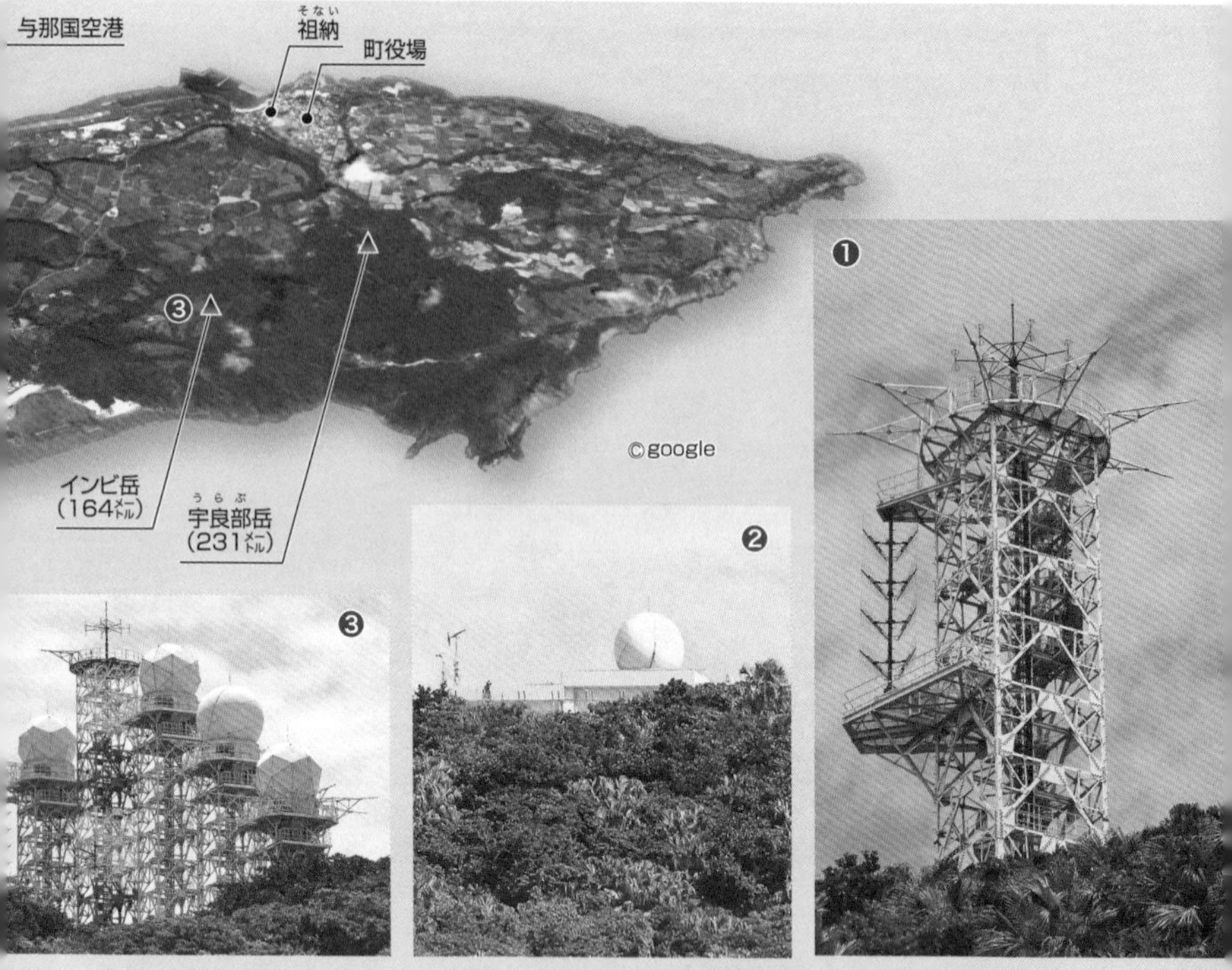

⬆与那国島の久部良港に停泊する海自沖縄基地（那覇市）所属の水中処分母船（筆者撮影）。

要塞化が進む与那国島

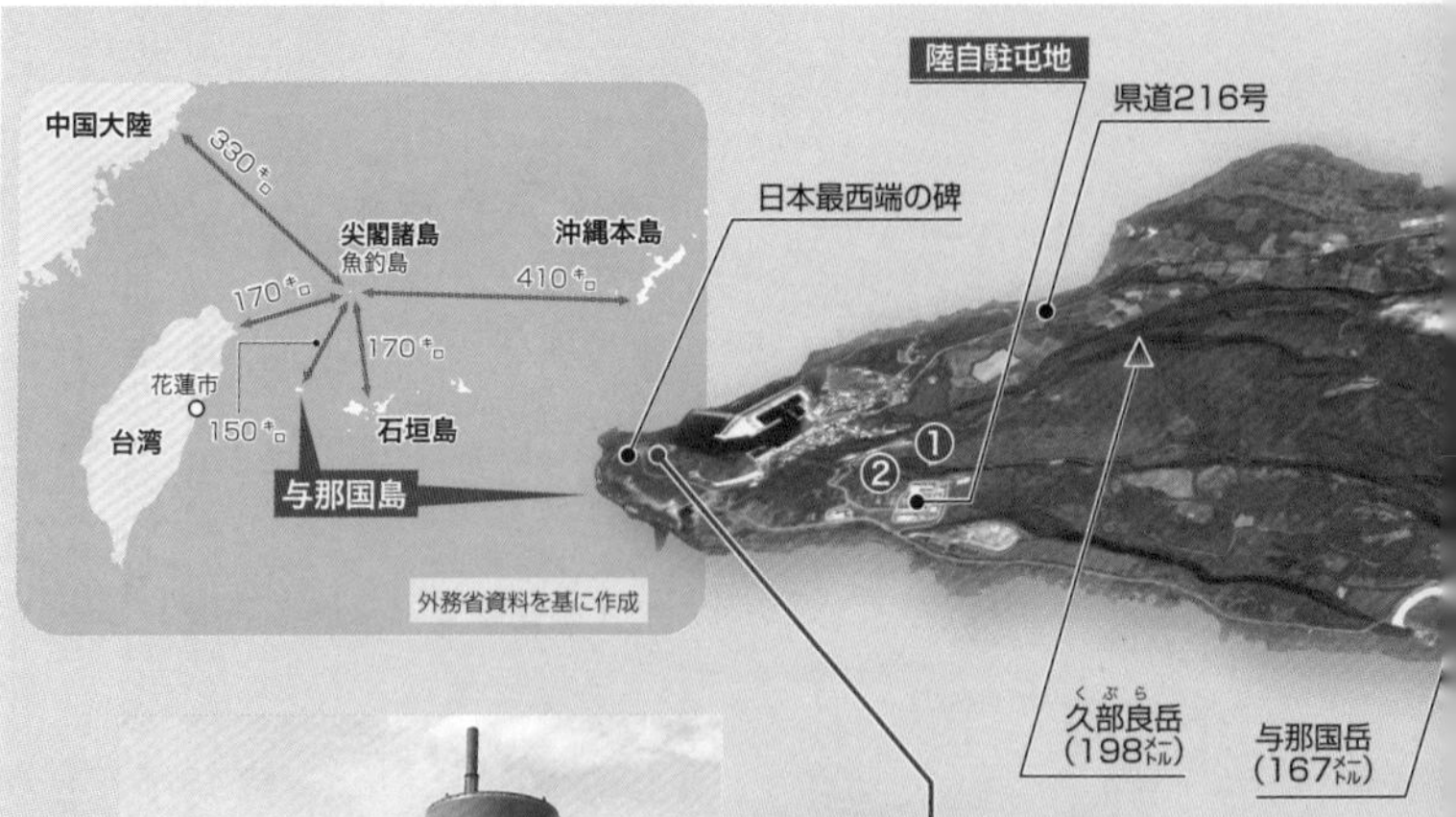

与那国島には固定式レーダーのほか移動式警戒監視システム「TPS102」も配備されている（防衛省資料）。

久部良地区には陸自駐屯地と各種の監視レーダーが目立つ（筆者撮影）。

⬆周囲27kmに約1600人の人が暮らす与那国島は日本の西端に位置する国境の島で、台湾まではわずか111kmしか離れていない。

2016年に駐屯地が開設されるまで「防衛」とは無縁の島だったが2015年に自衛隊建設の是非を問う住民投票で賛成派が多数を占め、与那国駐屯地が建設された。現在では人口の16%を自衛隊関係者が占め、複式学級が解消され、給食も実施されるなど恩恵もある。一方で「国防最前線の島」の軍事要塞化が進んでいる証でもある。

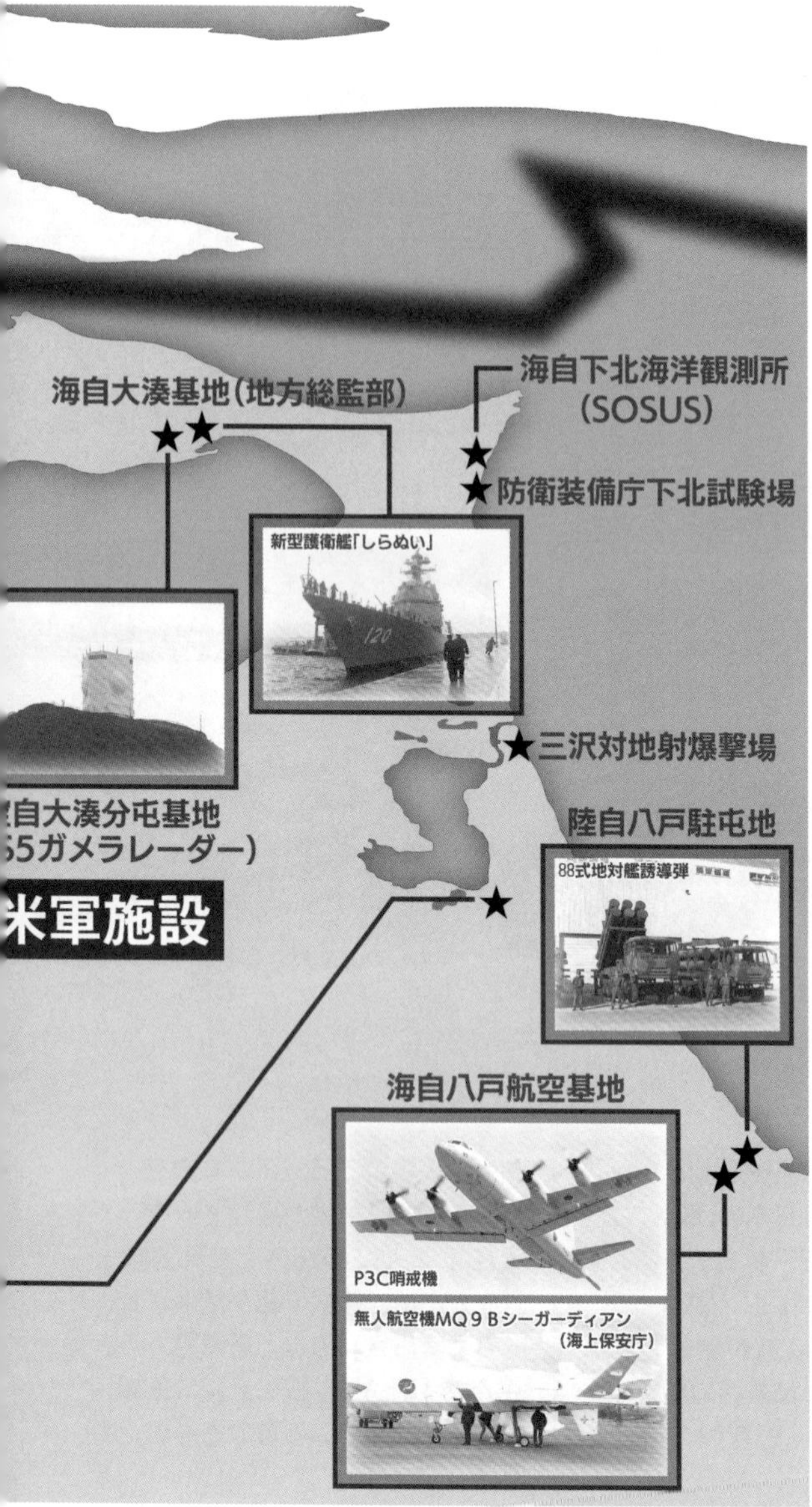

⬅2021年10月、中国海軍のミサイル駆逐艦など5隻とロシア海軍のフリゲート艦など5隻の合わせて10隻が陣形を組みながら津軽海峡を通過し、日本列島を一周した。さらに、翌年の6月にも中露の艦隊が津軽海峡を通過している。監視と情報収集にあたったのは海自八戸航空基地にある第2航空群の哨戒機など。米軍基地に自衛隊の陸海空3基地がそろうなど国防の最前線の青森県に緊張が走った――。

津軽海峡を通過した
中国・ロシア艦艇
（2021～22年）
公海
海自竜飛警備所
（SOSUS）
空自車力分屯基地
（PAC3）
陸自第９師団司令
（青森駐屯地）
米陸軍車力通信所
（Xバンドレーダー）
青森県内の主な自衛
陸自弘前駐屯地
米空軍・空自三沢基地
F35Aステルス戦闘機（空自）
F16戦闘機（米軍）
大型無人偵察機ＲＱ４グローバルホーク（空自）
E２C早期警戒機（空自）

詳しくは16ページでも解説。

日本列島を越えた北朝鮮弾道ミサイル

（防衛省などによる。日本時間。軌道・距離はイメージ）

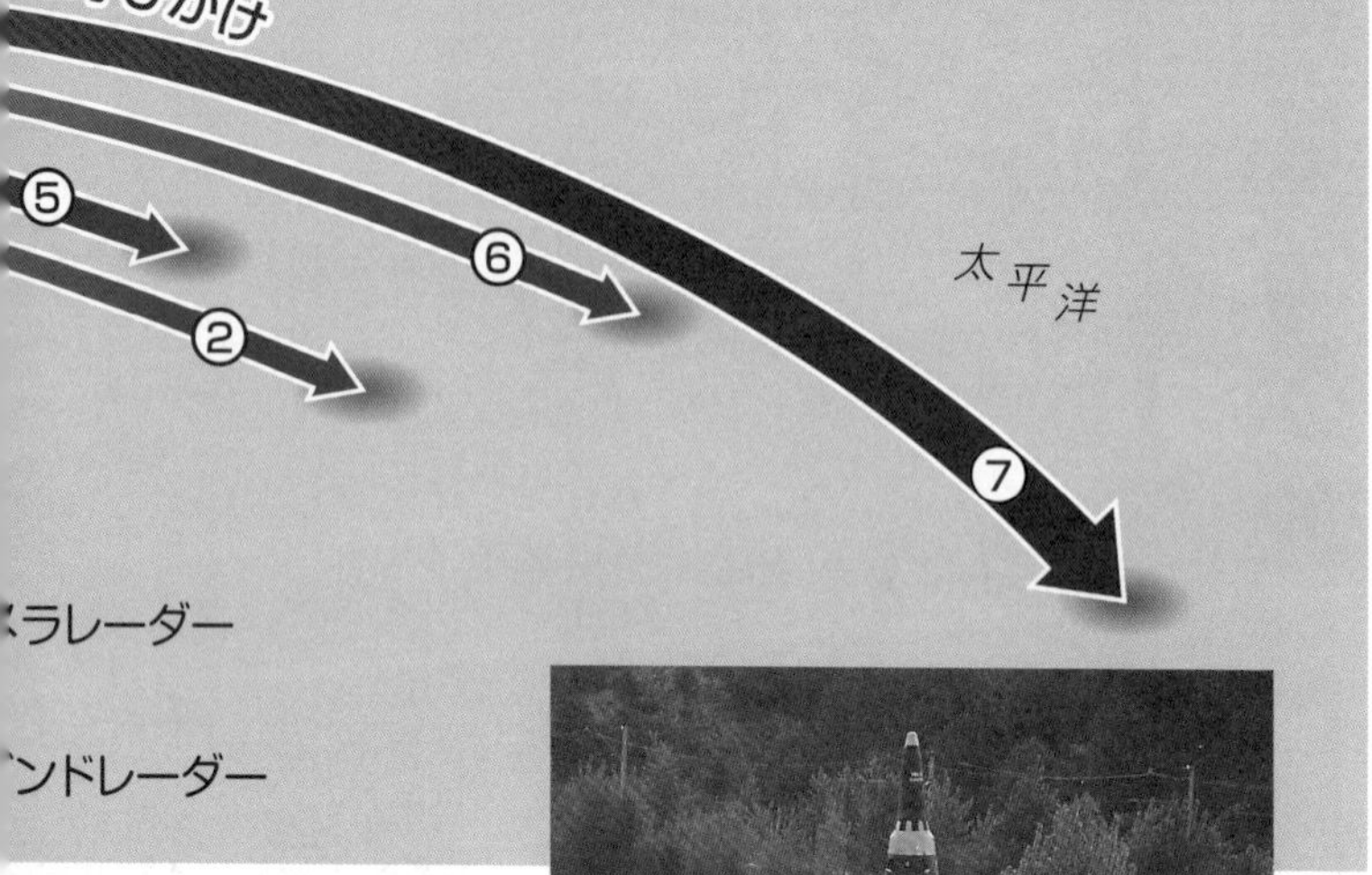

「火星12」	⑦「火星12」改良型
2017年9月15日	2022年10月4日
約5000㌔	約5000㌔
順安付近	舞坪里《ムピョンリ》付近
約3700㌔	約4600㌔
約800㌔	約1000㌔
×	×

（防衛白書、各種資料を基に作成）

中距離弾道ミサイル「火星12」の発射実験。10月に発射されたミサイルはこの「火星12」の改良型とみられる（朝鮮通信＝共同）

と大きな転換を迫られ、島しょ防衛用に配置されている地対艦ミサイルの射程距離を1000㎞以上に改良する計画が進められている。

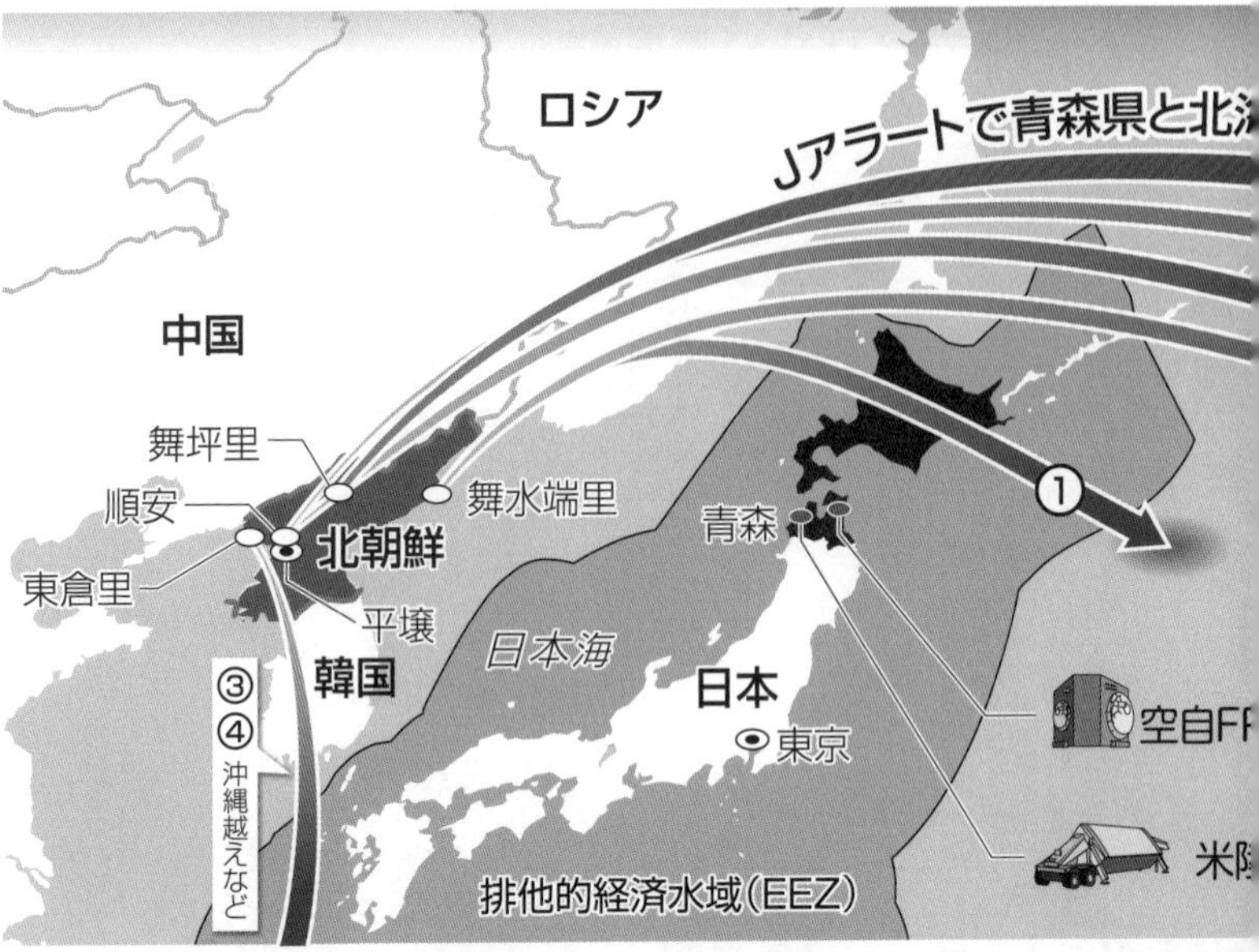

	❶ テポドン1	❷ テポドン2 または派生型	❸ テポドン2 派生型	❹ テポドン2 派生型	❺ 中距 「火星
発射日	1998年 8月31日	2009年 4月5日	2012年 12月12日	2016年 2月7日	2017 8月29
推定射程	約2000キロ	4000キロ以上	1万キロ以上	1万キロ以上	約5000
発射地点	舞水端里《ムスダンリ》地区	舞水端里地区	東倉里《トンチャンリ》地区	東倉里地区	順安《スアン》付
飛行距離	約1600キロ	3000キロ以上	約2600キロ (2段目落下地点)	約2500キロ (2段目落下地点) ※沖縄越え	約2700
最高高度					約550
事前通報	×	○	○	○	×

(①〜④は人工衛星と主張)

⬆北朝鮮の弾道ミサイル発射は取材時の2023年だけでも10回以上（8月1日現在）を数えるなど頻発している。従来の中距離弾道ミサイルに加えてICBM級の弾道ミサイルも発射されるなど、緊張が続いている。わが国の防衛政策も「専守防衛」から「重武装化」へ

はシーガーディアンの2020年実証試験分

海上保安庁資料などを基に作成

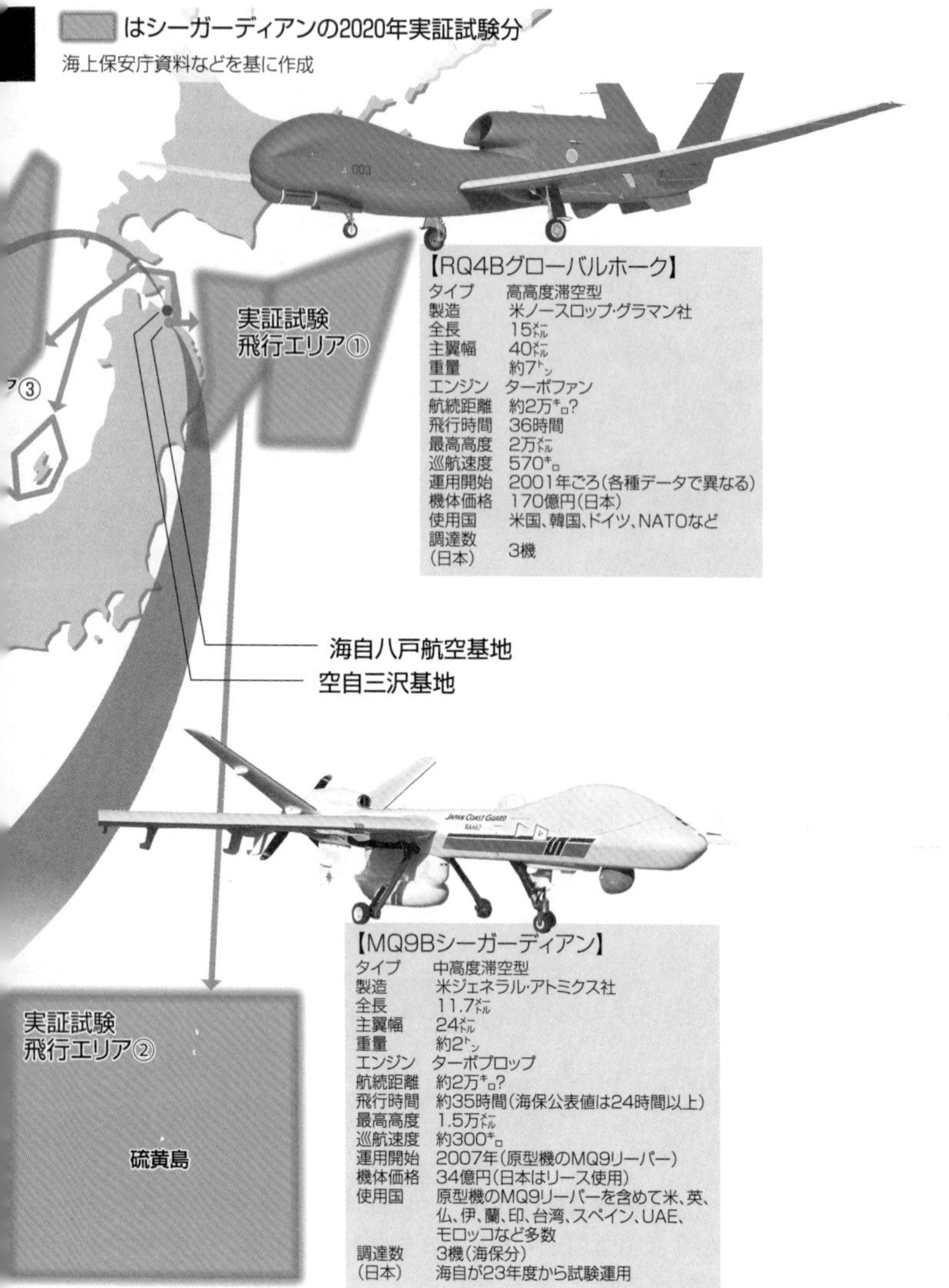

【RQ4Bグローバルホーク】

タイプ	高高度滞空型
製造	米ノースロップ・グラマン社
全長	15メートル
主翼幅	40メートル
重量	約7トン
エンジン	ターボファン
航続距離	約2万キロ?
飛行時間	36時間
最高高度	2万メートル
巡航速度	570キロ
運用開始	2001年ごろ(各種データで異なる)
機体価格	170億円(日本)
使用国	米国、韓国、ドイツ、NATOなど
調達数(日本)	3機

【MQ9Bシーガーディアン】

タイプ	中高度滞空型
製造	米ジェネラル・アトミクス社
全長	11.7メートル
主翼幅	24メートル
重量	約2トン
エンジン	ターボプロップ
航続距離	約2万キロ?
飛行時間	約35時間(海保公表値は24時間以上)
最高高度	1.5万メートル
巡航速度	約300キロ
運用開始	2007年(原型機のMQ9リーパー)
機体価格	34億円(日本はリース使用)
使用国	原型機のMQ9リーパーを含めて米、英、仏、伊、蘭、印、台湾、スペイン、UAE、モロッコなど多数
調達数(日本)	3機(海保分) 海自が23年度から試験運用

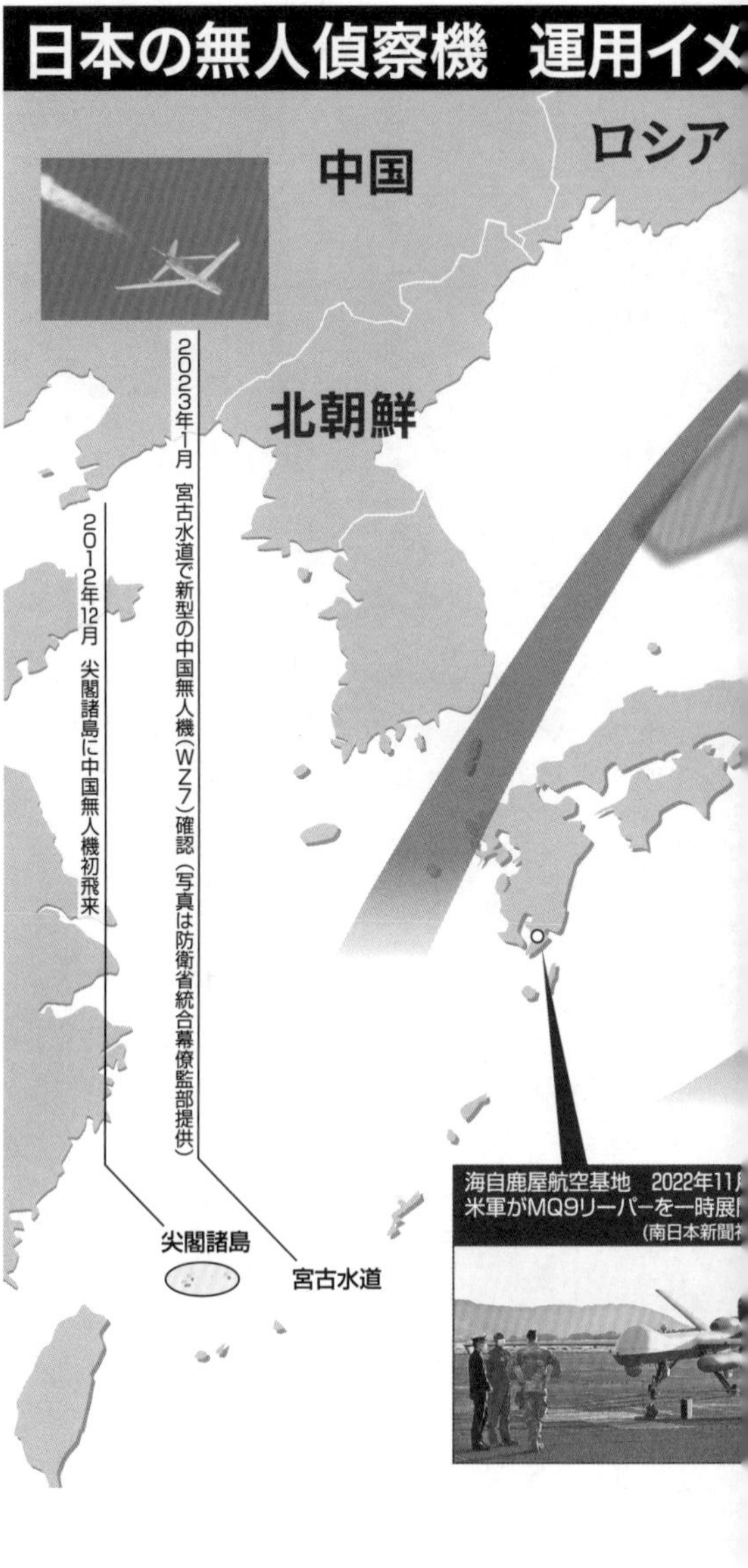

➡中国軍の無人偵察機は2012年に初めて尖閣諸島沖で確認され、さらに2023年1月には新型の無人機が宮古水道で確認された（右図参照）。対する自衛隊は、2023年3月に専門部隊「偵察航空隊」を旗揚げ。高高度から監視する大型無人偵察機「グローバルホーク」に加えて、中高度監視用の「シーガーディアン」の運用も始まっている（運用主体は海上保安庁）。その無人機配備もまた青森に集中している――。

5A大解剖

操縦席(ロッキード・マーチン社資料)

F35飛行隊配置図

※各種資料を基に東奥日報社作成

➡異次元のハイテク機能で知られる「F35戦闘機」は青森県の空自三沢基地に配備されている。

　従来の「F15」「F2」戦闘機との航空演習で撃墜率が20対1という圧倒的な実力差を見せつけたことで知られる。今後、147機の配備が予定されるこのハイテク戦闘機は新冷戦時代の主力戦闘機として、「仮想敵国は中国――」という現実と向きあう切り札となることを期待されている――。

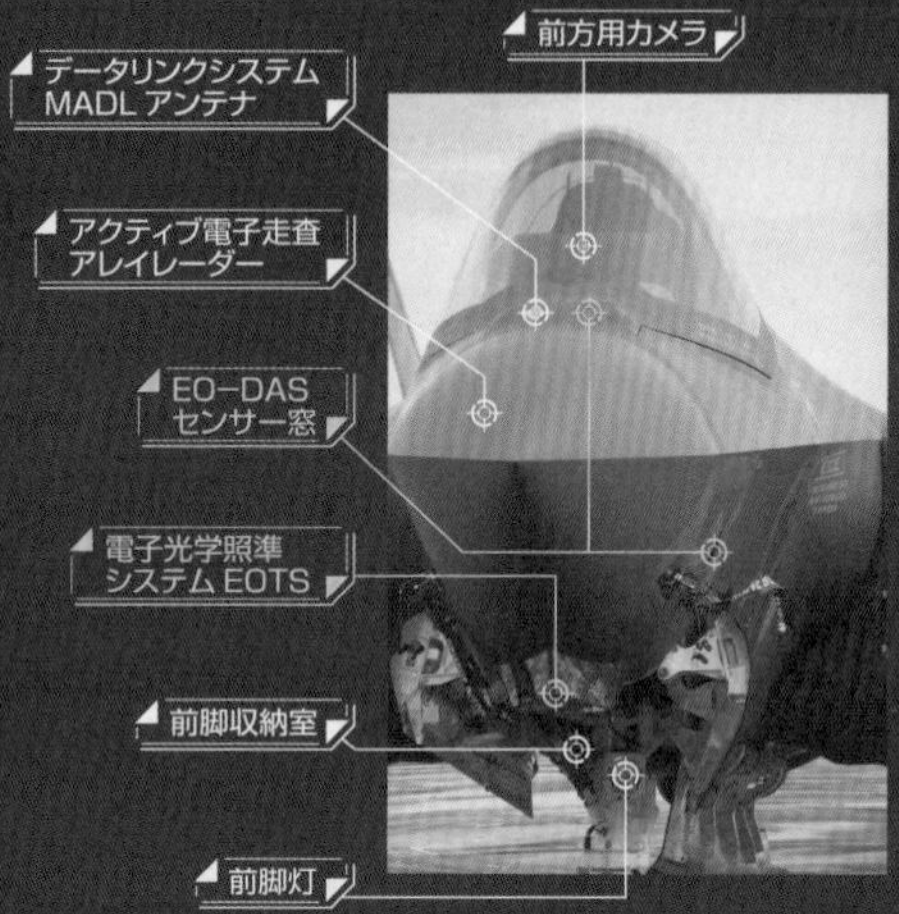

全長	15.67メートル
全幅	10.67メートル
全高	4.39メートル
機体重量	13.29トン
最大離陸重量	31.752トン
機内燃料重量	8.278トン
エンジン	F135PW100×1基
通常最大出力	11.34トン
アフターバーナー推力	18.14トン
最大速度	マッハ1.6
戦闘行動半径（機内燃料のみ）	1090キロ以上
航続距離（機内燃料のみ）	2200キロ
荷重制限値	9G
乗員	1人
兵器類最大搭載量	8.16トン
固定武装	25ミリ機関砲（180発）
使用可能武器	空対空ミサイル（短距離、中距離） GPS誘導弾GBU31（JDAM） GPS誘導滑空爆弾GBU39（SDB） AGM154（JSOW） レーザー誘導弾GBU12（ペイブウェイⅡ） 対地対艦巡航ミサイルJSMなど
1機当たり価格	約116億円 （2019～23年度防衛省取得分）

※空自使用機に限定せずF35A共通の数値

津軽海峡を通過した中国・ロシア艦艇（2021年10月18日）

中国海軍

レンハイ級ミサイル駆逐艦（101）

ルーヤンⅢ級ミサイル駆逐艦（172）

ジャンカイⅡ級フリゲート（515）

ジャンカイⅡ級フリゲート（573）

フチ級補給艦（902）

ロシア海軍

ウダロイⅠ級駆逐艦（548）

ウダロイⅠ級駆逐艦（564）

ステレグシチー級フリゲート（335）

ステレグシチー級フリゲート（339）

マルシャル・ネデリン級ミサイル観測支援艦（331）

艦艇写真は、防衛省統合幕僚監部発表資料。写真カッコ内の数字は艦首番号。

津軽海峡の公海とは

中ロ合同艦隊が押し通ったことでスポットライトを浴びた形の津軽海峡。国民の多くが注目し、疑問の声を上げたのは「領海侵犯ではないか」という点だ。日本に対して決して友好的とは言えない中ロ艦艇の行動に、国際法上の問題はないのかということだろう。

結論から言えば問題はない。中ロ合同艦隊10隻が通った津軽海峡の中央部分はどこの国にも属さない海域、つまり公海だからだ。

国際法上、海岸から12カイリ（約22キロ）を領海とすることができる。しかしこれは強制規定ではない。そのため日本政府は津軽、宗谷、対馬西、対馬東、大隅の5海峡に限って「特定海域」に設定。領海を3カイリ（約5.5キロ）に制限している。そのためこの3カイリを除く海峡中央なら、どこの国の艦船でも自由に航行することができるのだ。

特定海域にしたのにはわけがある。政府は「海洋国家として通商・交通の自由を確保するため」と説明するが、これに対して海峡全体を領海にしてしまうと、米国の核兵器搭載艦が通れなくなるからではないか―との見方があるのだ。非核3原則の「持ち込ませず」に反することを日本政府が避けたとの解釈である。

冷戦時代から一貫してロシア（ソ連）、中国、北朝鮮を仮想敵国とみなしてきた米海軍にとって、津軽海峡は3国への主要なアクセスルートである。特に隠密のうちに行動する米原潜にとっては、戦略上不可欠の要衝とさえ言える。「原潜回廊」と呼ばれるゆえんである。

米原潜に対して日本政府は、放射線モニタリング（監視）を緩和するなどの特例措置を秘密裏に取っていたことが2022年7月、外交機密文書から明らかになっている。 各種の核兵器を搭載し戦略的存在であった米原潜は、ことほどさように特別の扱いを受けていたのだ。

はじめに

まえがきに代えて〜本書の成り立ちについてご説明

東奥日報編集委員　斉藤光政

「いいですか。この本州最北端にある青森は沖縄に次ぐ基地県なんです。陸海空の3つの自衛隊に、米軍を合わせて4つの軍事組織がそろっているのは、この2県だけ。南の要衝である沖縄に匹敵する、いやそれ以上の北の要衝と言えるでしょう」

この言葉を新聞紙面はもちろんのこと、雑誌記事やインタビュー、大学での講義、市民講座、各種講演などでどれほど繰り返し文章にし、口にしてきたことだろう。

「基地の島」としてあまりにも有名な沖縄と軍事施設の多さや優劣などを競おうとしたわけではない。ただ単に、基地というやっかいな存在を抱える北の地の実態を、何より、それがもたらす影響について知ってほしいあまりに熱弁をふるっていたのだ。

しかし、聴き手の多くはポカーンとしているだけ。講演者の力量不足ということもあるのだろうが、それ以上に「軍事」「防衛」という、ふだん関わることの少ない異質な問題に戸惑い、気持ちがついていっていないような印象さえ受けた。

確かに、「軍事」「防衛」に代表される安全保障問題は分かりづらい。国内外の政治・経済情勢や為政者の思惑が複雑に絡むうえに、面倒くさい兵器の性能値、いわゆるスペックがついて回る。数字の羅列である。ましてやＡＩ（人工知能）絡みの最新装備となると、もはやお手上げ。わけの分からないアルファベットやカタカナまで加わるからだ。「こりゃあ、複雑怪奇。まるでオタクの世界だな」と大半の人がさじを投げた揚げ句、耳を傾けることを途中で放棄し、記事を読むことをあきらめるのは、いたしかたないことなのかもしれない。

読者を思考停止状態に陥らせる、こんな軍事記事の宿命をどうにかできないものか。兵器という存在に生理的に嫌悪感を抱きがちな女性や、難解なテーマにはつい目をそむけてしまいがちなデジタル時代の若者たちに手に取ってもらえるような紙面を作れないか。そんな新聞サイドの思いから生まれたのが、青森県の代表紙である『東奥日報』が２０２３年5月まで13か月にわたって掲載した大型連載企画「新冷戦考」である。

本書はこの連載をベースにしていることを、まずはお断りしておきたい。「分かりやすくビジュアルな紙面作り」をテーマに、月１回のペースで見開き2ページを使って展開した独自企画である。

急速な経済成長をバネにした中国の露骨なまでの軍備拡張と太平洋進出、その結果として派生している台湾危機問題、そんな中国と「世界の警察」米国との宿命的なまでの覇権対立、さらにはロシアによる一方的なウクライナ侵攻……。日本を取り巻く激動の国際情勢、というよりは歴史的な大変化がこの本の背景にあることは言うまでもない。

そうした緊張する国際情勢を大義名分に「防衛費をGDP（国内総生産）2％に倍増する」と一方的に宣言し、財源なき防衛力増強と軍拡へひた走る日本政府。それに対して、さほどの反応を示さない世相。そういう現状に違和感を抱いたということもある。

かつて、防衛費GNP（以前は国内総生産をそう呼んだ）1％枠をめぐり与野党が激しく攻防を繰り返していた時代を知る者として、まるでうそのように静まりかえっている現在の政治的停滞に正直言ってあぜんとしているのだ。

GDP1％枠に加えて、非核3原則と武器輸出3原則。「侵略国」という、すねに傷を持つはずのこの国を、ある意味で自制させてきたはずのこれらの縛りが緩められ、解き放たれようとしている「今」に対して、物書きとして危機感を抱いたのかもしれない。

使い古された言葉で誠に恐縮だが、日本という国は安全保障の岐路に立たされているのではないか、そんな大事な時に歴史を記録する記者として傍観者でいていいのか、基地を抱える土地で暮らしながら、ただぼうぜんとたたずんでいていいのかという、自らへの問いかけから始まった企画でもあることを告白しておく。

宣伝文句ではないが「いつやるの？　今でしょ」という義務感にも似た気持ちに突き動かされたのである。

ロシアという軍事に特化した大国が当たり前のように隣国ウクライナに侵攻し、強制移住や虐殺、あまつさえ子供を拉致するなど非人道的な行為に手を染めていながら、「これは戦争ではない」とうそぶくような時代の到来に驚いたということもある。

だからこそ、面倒くさい「軍事」にあえて取り組み、分かりやすい形で読者に提供できればと考えたのだ。

本書の中で詳しく記すことになるが、何より中国とロシアの合同艦隊による津軽海峡通過（2021年10月）や、南西諸島への中国侵攻を想定した史上最大級の日米共同訓練「レゾリュート・ドラゴン（日本名・不屈の龍）21」の実施（2021年12月）といった、かつてない軍事的トピックスが青森県周辺で起きていた。望むと望まぬにかかわらず、世界政治の大波がこの本州最北端の地にも押し寄せているのである。

このような歴史の転換点だからこそ、南の要衝オキナワから青森を、逆に北の要衝アオモリから沖縄を照射することで、日本が抱える安全保障上の問題点や課題を浮き彫りにできるのではないかと考えた。

それはとりもなおさず、日本が取り組みまたは取り組もうとしている現在の防衛政策が正しいのか正しくないのか？　それを検証する作業でもあり、その結果生まれるであろう記事・文章を読者へ判断材料の一部として届けたいと単純に願った次第である。

実は、長く防衛問題を担当していて、いつも感じさせられるのは、厚い「壁」のようなものへのもどかしさだ。

「外交と防衛は国の専管事項である」

自衛隊、米軍を問わず新しい部隊ができ、新たな装備が配備される度に、歴代の青森県知事や三沢市長ら自治体のトップは同じコメントを口にする。あたかもその一言によって面倒な説明責任から逃れられるかのように。まるで免罪符である。

彼らの言葉は「防衛問題は中央主導で進められることなのだから、われわれ地方は口を出すべきではない」と言い訳しているようにも聞こえた。

現実問題として事故や事件が起きた際、真っ先に被害を受けるのは地元地域であり、基地周辺に住む住民であるはずなのになぜか及び腰なのだ。

そんな地方行政の限界に対して、憤りに近いものを感じたことさえある。沖縄県の首長らが時折見せる、中央との厳しい対決姿勢を心の中で望んだことも一度や二度ではない。

だからこそ、「軍事」という高度に政治的かつ技術的なテーマに対して、基地を抱える地方ジャーナリストとして、どこまで肉薄できるか、あえて〝限界〟に挑戦してみたいと考えたのである。

個人的な思いを縷々《るる》書き連ねたが、突き詰めればそういうことなのだ。基地をめぐるこうした思いは、かなりの部分で同僚諸氏と共有していると勝手に思っている。専門的な防衛問題に対して、地方紙としてどこまで取り組めるか——は、われわれローカルペーパーにとって永遠のテーマでもあるからだ。

ちなみに、2022年の参院選に伴って、青森県内で世論調査（東奥日報社）を実施したところ、県民の多くが関心あるテーマとして「外交・安全保障」を挙げた。大学生を取材していても「国防」と答えるケースが多かった。「安全保障は票にならない」と地方議員らがうそぶき、口実にしていた時代は着実に変わりつつあるのだ。そうしたローカルな需要にも応えようと思った。

重ねて説明するが、そういった事情から『東奥日報』で始めた大型企画が、この本の下敷きとなっている。具体的には2022年5月8日に初回をスタートさせ、2023年5月14日まで月1回のペースで合計13回掲載した。

連載中には紙面に「随時掲載」と断り書きをしたが、それはビジュアル面を追求したがゆえにレイアウトはもちろん、イラストや地図作りなど大型図版作成に手間と時間がかかったためだ。

前述のように青森県太平洋岸で2021年末、大々的に展開された日米共同訓練レゾリュート・ドラゴン21の謎解明をスタートラインに、「南西シフト」という歴史的な戦略転換が進行している南西諸島の現地ルポを加え、陸自配備によって政治・経済的、さらには文化的な地殻変動すら起こしている「国境の島」与那国や奄美大島の現状に迫ったつもりだ。

いずれも陸自八戸駐屯地の主力部隊である「第4地対艦ミサイル連隊」の縮小と南西諸島への再配置を切り口に、「なぜ今、南西シフトなのか?」「目的は何なのか?」と問いかけている。筆者自ら言うのもなんだが、なかなか盛りだくさんなのである。

取材相手でかつ情報収集先でもある軍事評論家や軍事研究家、中国・ロシア問題の専門家といった〝プロ〟の方々の評判も悪くなく、ホッと胸をなで下ろしているところだ。

われわれ新聞業界の中では定評のある月刊誌『新聞研究』(日本新聞協会)にも連載間もない段階で、この企画についての解説記事を求められたのも評価の一つなのかなと前向きに捉えている。ちなみに、『新聞研究』２０２２年8－9月号に「南北の要衝から浮かび上がる現状――難解な防衛問題に地方紙として肉薄」と題して小論を掲載させてもらった。

取材記者としてうれしかったのは、沖縄本島はもちろんのこと石垣島、与那国島、奄美大島など行く先々で紙面を紹介したところ、「日本の防衛戦略の最新情報がよく分かって、資料にも使える」と喜ばれたことだ。石垣市では地元市議や市民らの求めに応じて急きょ、紙面を片手に「南西シフト勉強会」を開いたのも、今となってはいい思い出である。

また、青森中央学院大学や青森公立大学など地元の教育施設でも、２０２３年まで2年続けて講師を務めたが反応は上々だった。もちろん連載紙面をテキストにしたわけだが、防衛問題を考えるきっかけを読者に、あるいは若者に提供するという当初の狙いを少しずつでも実現できているのかな、と手応えを感じている次第である。

国内外で取材を重ねる中で、特に印象に残ったのは中部太平洋に浮かぶ軍事的要衝、マーシャル諸島での2週間近くにわたる取材と、現地『ジャーナル』紙のヒラリー・ホシア記者との出会いだろう。

マーシャルは孤島と言っても、実は29の環礁と5つの独立島からなる島嶼国家。詳しくは中国の太平洋進出をテーマにした第11章に譲るが、現地の日本大使館やＪＩＣＡ（国際協力機構）

支所、日系企業関係者にインタビューを重ねているうちに巡り会ったのがホシア記者だった。

人口が5万人に満たない小さな島国のこと。メディアと言っても経費のかかるテレビ局は存在せず、頼りはラジオと新聞ということになる。『ジャーナル』紙は唯一の新聞で部数は2000〜3000部（週刊）と聞いた。

ホシア記者はそこの敏腕記者（……だと本人は自慢していた）。現地の政治事情を知ろうと取材したつもりが逆に取材され、帰国直後の2023年2月3日付紙面に掲載された。見出しは「Feature writer in town」。「編集委員が街にやって来た」という意味であろうか。

はるか日本の中でも、青森という本州北部の日刊紙『東奥日報』の編集委員であり、太平洋諸国における日本外交のあり方を調べるために短期滞在していると紹介されている。

まあ、その通りではあるのだが、ホシア記者は肝心のことを伏せてくれた。それは、マーシャル諸島内にあるクエゼリン環礁の米軍基地をいつか再取材したいとの私の希望である。

なぜクエゼリンなのか？　第11章を見てほしい。ミサイル防衛（MD）に関わる、とてつもなくすごい〝秘密基地〟が存在するからだ。そんなこんなでホシア記者とは再会を誓ってきたわけなのだが……。

まえがきとしてはちょっと長くなったが、なぜ地方の、それも青森という北辺の新聞記者が

「新冷戦考〜日本の防衛力の今」などという、大層なタイトルの本を刊行するに至ったのかについて、これである程度ご理解いただけるのではないかと思う。

なお、今回の書籍化に当たっては連載企画と構成を変えたほか加筆し、新たに第13章「世界初のF35A墜落」を書き下ろした。4年前の2019年4月に空自三沢基地で起きた最新鋭ステルス戦闘機の墜落事故をテーマに据えたリポートで、書籍化するのは初めて。第2回むのたけじ地域・民衆ジャーナリズム賞（2020年）で優秀賞をいただいた一連の記事群のエッセンスでもあり、現場記者として愛着があるとともに、日本の防衛史上で重要なアクシデントと捉えているのであえて収録させてもらった。

写真やイラストなどについても、新聞紙上ではスペースの都合から使いきれなかったものも収録させてもらった。それによって内容的により深く、より理解しやすくなったのではないか、と自負しているがいかがだろう。

また、読んでいただければお分かりになるかと思うが、新聞掲載時の「リアルな国内外の動き」を感じてほしいため、陸自を中心とした防衛省や米軍の動き（部隊編成や配備状況）には基本的に手を加えないでそのままにしている。後知恵を入れず、執筆当時と同じということだ。それゆえに表記や文章の一部が重複したり、時期的に前後している個所もある。

何より、青森で掲載された記事なので「地方視点」が主になっている部分が多いが、そこも

また ご容赦願いたい。地方から世界をダイレクトに捉える、いわゆる「グローカル」的な記事作りを志向した結果である。

登場人物の肩書きや年齢なども基本的に掲載時のままとした。そのほうが取材時の生々しい空気と緊張した状況を捉えやすいと考えたからだ。本文中の敬称は略させてもらった。

目次

カバー写真（F35A／空自三沢基地提供）、オビ写真（空自提供）

序章

「新冷戦」と声高に叫ばれる時代がやって来た。

ここ数十年で最悪と言われる米中関係を受けて台湾危機が真剣に語られるようになり、その一方で北朝鮮による弾道ミサイル発射は止まらない。かつてない緊張にアジア、そして世界全体が包まれようとしているのだ。

２０２２年２月に始まったロシアによるウクライナ侵攻も当初の予想に反して泥沼化し、いっこうに終わりが見えない。

国土奪還に燃えるウクライナ軍に対して、ＮＡＴＯ（北大西洋条約機構）は軍事援助をエスカレート。続く第１章で紹介することになるが、中でも米国は最前線部隊である沖縄海兵隊に配備してまもない高機動ロケット砲システム「ＨＩＭＡＲＳ（ハイマース）」のほか、湾岸戦争以降で無敵の評価を確立した主力戦車「Ｍ１エイブラムス」を供与し、さらには対地攻撃と対空戦闘に猛威をふるうであろうＦ16戦闘機まで惜しみなく与えようとしている。

米国以上にウクライナ救援に前のめりなのは英国ではないか。米国と同じく主力戦車の「チャレンジャー２」の供与を進めるほか、２０２３年５月には空中発射型で最大射程が２５０キロに達する巡航ミサイル「ストーム・シャドウ」の供与を明らかにした。

やはりドイツも、実戦経験が少ないながらも「世界最高の性能」と称賛される主力戦車「レオパルド2」をウクライナに送り続けている。ドイツの隣国であるフランスも同様である。もはや、米国を中心としたNATO対ロシアの代理戦争の様相すら帯び始めている。

それを象徴するかのように、2023年6月には「航空部隊によるNATO史上最大の展開演習」と豪語する大規模合同演習「エアディフェンダー23」がドイツで行なわれた。計25か国から人員1万人と戦闘機を中心に250機が集結。特筆すべきは、この緊張する時期に空自も〝準NATO国〟としてオブザーバー参加したという事実である。

演習エアディフェンダーのホスト国であるドイツは「現在の状況で防衛力を示すことは重要なシグナルになる」（ゲルハルツ・ドイツ空軍総監）としたが、この発言がロシアを念頭に置いていることは言うまでもない。これもまた「新冷戦」と呼ばれるゆえんの一つなのかもしれない。

ちなみに空自は、現在配備を進めるハイテク・ステルス戦闘機F35の次に採用する次期主力戦闘機をNATO加盟国である英国、イタリアと共同開発する方向で進めている。これは第三国への輸出を視野に入れた開発計画で、併せて過去、輸出の障壁となってきた「防衛装備移転3原則」の運用指針の見直しも検討している。米国以外との本格的な戦闘機の共同開発は前例がないことから内外の注目を集めることは必至である。

このようにNATOを中心とする欧米各国が戦車や巡航ミサイル、果ては戦闘機まで軍事支援強化を続ける状態に業を煮やした結果、ロシアは2023年3月に国家統合を進めるベラルーシに戦術核配備を決めたと表明。「米国供与のF16戦闘機がロシア軍を攻撃するような事態に陥ったら、第三次世界大戦になりかねない」と核による脅しをちらつかせている。

ウクライナ侵攻とそれに伴う核の脅威は、スウェーデンやフィンランドなど北欧にとっても「隣国ロシアの脅威」と映り、これまで戦いから距離を置いてきた中立国のNATO加盟申請という、これまた予想外の事態を引き起こしている。世界を取り巻く政治、軍事環境がすさまじいスピードで変わろうとしているのだ。

わが国に目を転じると、2021年10月には中国とロシアの合同艦隊が津軽海峡を白昼堂々と押し通り、日米同盟に対して大胆に〝挑戦状〟を突きつけた。10隻という規模もそうだが、それ以上に中国とロシアのむきだしの敵対心を目の当たりにしたことで、日本国民はあらためて現実世界の動きに驚き、大きな衝撃を受けたのではないだろうか。

さらに中国の戦力誇示の動きは続く。2023年4月には台湾を包囲する形で大規模な軍事演習を行い、中国初の国産空母「山東」(5万5000トン)を主力とする艦隊が〝海上封鎖〟に踏み切った。まさしく米国と関係を深める台湾・蔡英文政権への威嚇であり、空母「山東」

は1週間の間に210回に上る発着艦訓練（防衛省発表）を繰り返した。

　こうした中国・ロシアの艦隊行動を挑戦と受け止めているのは日本と米国だけではない。第5章で詳述することになるが、それは太平洋を21世紀の海洋戦略の主舞台と見定めた英国、豪州、カナダであり、フランスであり、ドイツ、そしてインドである。戦略的枠組みであるAUKUS（オーカス）とQuad（クアッド）を構成する国々である。

　ウクライナでNATOとロシアが対峙しているように、太平洋でもAUKUS、Quadを構成する先進諸国が「中ロ封じ込め戦略」を展開しつつあるのだ。主要国首脳会議G7のうち、イタリアを除くすべての国が参加している事実にただただ驚かざるを得ない。誤解を恐れずに言えば、G7対中ロの対立構図である。

　あたかもこうした中ロ封じ込め戦略を強化するかのように、海上保安庁と海上自衛隊は国内最北の航空拠点である海自八戸航空基地（青森県八戸市）を大型無人航空機MQ9Bシーガーディアンの一大拠点にしようと運用計画を進めている。いわば監視・警戒の目の一元化、何より情報収集能力の強化である。

　海保と海自の連携強化は、尖閣諸島で見られるような中国の海洋進出に合わせて急加速しており、2022年12月の閣議決定で政府は海保を「安全保障上も不可欠の存在」と定義し直し、有事の際には防衛相が海保を指揮下に置く「統制要領」さえ定めた。海上部隊の統一化は戦後初めての動きで注目される。

また、高空からの監視の目は、空自三沢基地（青森県三沢市）にも大型無人偵察機ＲＱ４Ｂグローバルホークの配備と運用開始（２０２２年12月）という形になって現れている。このような監視・偵察機能が北朝鮮の弾道ミサイル発射基地と核施設を対象の一つとしているのは言わずもがなだろう。

一方で、北朝鮮と中国を想定して２０２２年末の閣議決定で保有が認められた反撃能力（敵基地攻撃能力）と、それを補完する動きも着々と進んでいる。いち早く空自三沢基地で配備が進む最新鋭ステルス戦闘機Ｆ35Ａとノルウェー製の対地対艦巡航ミサイル「ＪＳＭ」（射程５００キロ）の組み合わせがそれであり、米国製巡航ミサイル「トマホーク」（射程１６００キロ）の海自艦艇への配備計画も大きな出来事である。あたかも、この計画に合わせるかのように、政府は海自イージス艦８隻すべての改修の方針を決めた。

事故頻発を受けて一時、全機が飛行停止となっていた米空軍輸送機ＣＶ22オスプレイ（東京都横田基地）の特殊部隊運用を想定した水上訓練も三沢基地隣の小川原湖（青森県東北町）で２０２３年６月に再開された。１９９０年代の米ソ冷戦終結後、比較的平穏な日々を過ごしてきた本州最北端の地にも、新たな冷戦の大波が押し寄せようとしているのだ。

こんな中、政権与党である自民党幹部の茂木敏充幹事長は「自国の安全は自国で守るとの決意を持ち、防衛力強化や関連制度の整備を進めたい」と強調し「何もしないで国民の生命、財産を守ることができる時代ではない」（2023年6月24日、長崎市の講演）と、国民に対して「日本を守る」決意を強く促した。もちろん念頭にあるのは中国の軍事力増強と北朝鮮の核・ミサイル開発である。

この新冷戦と呼ばれる混迷の時代、世界で、アジアで、そして日本でいったい何が起ころうとしているのか。沖縄が本土復帰を果たして2022年でちょうど半世紀が過ぎた。この節目を絶好のタイミングと捉え、地政学的に日露戦争以降、一貫して「北の要衝」であり続けるアオモリ、そして、対中国の最前線である「南の要衝」オキナワ。この列島南北の視点から「日本の今」を見つめ直してみたいと思うのだ。

第1章

国防の要衝
アオモリとオキナワ

⬆沖縄県嘉手納基地から海自八戸航空基地に空輸された高機動ロケット砲システム「HIMARS」。
⬇八戸航空基地に着陸する米空軍戦術輸送機「C130J」。

撮影／大久保拓地（東奥日報）

日米最大訓練「不屈の龍」の謎

朝方の最低気温が5度を下回り、本格的な冬到来を予感させる２０２１年12月7日。青森県八戸市の北端に位置する海上自衛隊八戸航空基地に見慣れない大型プロペラ機が降り立った。米空軍の戦術輸送機Ｃ１３０Ｊハーキュリーズである。はるか２０００キロ南の沖縄県から4時間をかけての長距離フライトだった。出発地の嘉手納基地の最低気温は20度。15度もの温度差に濃灰色の機体も搭乗員も震えているように見えた。

海自隊員の誘導によってＣ１３０Ｊは駐機エリアまで移動する。エンジンが停止するやいなや機体後部のハッチが開き、迷彩用のカムフラージュネットに覆われた6輪の車両がはい出て来る。

ふだんよく見かける陸上自衛隊の中型トラックに似ていなくはないが、車体の上に据えられたコンテナ型のロケット発射機がひときわ目を引く。沖縄駐留の米海兵隊に２０１６年に配備された高機動ロケット砲システムＨＩＭＡＲＳである。

小銃を構えた海兵隊員が慣れた様子で素早く展開すると、周囲に厳しい視線を投げかける。すべてが物々しく緊張した雰囲気の中、陸自と在日米海兵隊による日米共同訓練「レゾリュート・ドラゴン（日本名・不屈の龍）21」が始まった。

日本列島の北端に近い青森県に、よりによって最南端の沖縄県から、なぜ米海兵隊が大挙して押し寄せなくてはいけないのか。それも「国内最大」である。国内外での軍事関係の取材は長いが、こんな大規模で重要な米海兵隊の演習が八戸はおろか青森県内で行われたことなどついぞなかった。

なぜなのか？

大いなる疑問からこの本は始まる。

仮想敵国は中国　南西諸島上陸を阻止

日米共同訓練レゾリュート・ドラゴン21について、防衛省からマスコミ各社に事前説明があったのは演習３週間前の11月中旬のことだ。

1　陸自八戸駐屯地に隣接する八戸演習場などを中心に12月４日から２週間実施する。

2　日本からは陸自第９師団（司令部・青森市）を中心に１４００人、米国からは第３海兵師団（キャンプ・シュワブ＝沖縄県名護市）の２６５０人が参加する。

3　国内最大規模の実動訓練であり、八戸演習場では米海兵隊と共同で艦船の迎撃システムについての操作指揮訓練を行う。

4　そのほか王城寺原演習場（宮城県）と岩手山演習場（岩手県）で空中機動作戦に関する訓練、矢臼別《やうすべつ》演習場（北海道）で攻撃ヘリによる射撃訓練を行う。

大まかにいえばそんな内容だった。現地の陸自から渡された資料も至って簡単なもので、訓練の目的について次のように記していた。

「陸上自衛隊及び米海兵隊の部隊が、それぞれの指揮系統に従い、共同して作戦を実施する場合における相互連携要領を実行動により訓練し、日米の連携強化及び共同対処能力の向上を図る」

典型的なお役所言葉と専門用語の羅列である。これでは具体的な中身までよく分からず、正直言って目の前で繰り広げられるこの大演習の意味をつかみかねていた。

「要するに何をやるということなんでしょうか？」

ともに取材に当たる30代の若い記者から、そう問われたものの即答できない自分がいた。墜落事故や不時着など何かとトラブルが伝えられる米海兵隊輸送機ＭＶ22オスプレイが10機参加するということで、そちらに気を取られていたということもある。いずれにしても疑問だらけの共同訓練ではあった。

そんな謎が解けたのは演習終盤に入ってのことだ。ヒントは冒頭で紹介した新型の高機動ロケット砲システムＨＩＭＡＲＳに隠されていた。

ＨＩＭＡＲＳは長射程から敵を阻止するため、米陸軍が開発した新型自走ロケット砲システムだ。全長7メートル、全幅２・４メートル、全高３・２メートル、重量13・7トンで、6輪式の車体の上に旋回発射機を備え、口径２２７ミリの大型ロケット弾6発を同時発射できる。大型ロケット弾の代わりに中型の地対地ミサイル１発の運用も可能で、対艦作戦も視野に入れている。射程距離は約60キロで運用要員は３人。多連装ロケット砲としては軽量・小型のため、米軍の緊急展開部隊である海兵隊や空挺部隊などを中心に配備され、イラク戦争やシリア内戦で使われた。

現在進行中のウクライナ戦争ではウクライナ軍に供与され反攻作戦の原動力ともなっている。そのＨＩＭＡＲＳがなぜ八戸に、そもそも陸自と米海兵隊は何をやろうとしていたのか。その答えは意外にも遠い南の島々にあった。

それは「島嶼防衛」である。

簡単に言えば、八戸を中心に青森県の太平洋岸一帯を南西諸島の離島に見立てた演習だったのだ。海岸にひたひた押し寄せる敵上陸部隊に鋭い集中砲火を浴びせ撃退する――。そのコンセプトの主役がＨＩＭＡＲＳにほかならなかった。

仮想敵国は中国。未曾有の経済発展をバネに、大胆かつ挑戦的な太平洋進出を続けるアジアのスーパーパワーである。日米の「不屈の龍」は、そんな中国に向かって吠え立てていたのだ。強く、激しく。

攻防の焦点「第1列島線」

「確かに、われわれは不透明な国際状況の中で生きています。だからこそ将来的に中国がどのような意図で対応してくるのか見据える必要があるのです」

ハワイ・オアフ島の中心地ワイキキビーチから車で30分の丘の上にあるキャンプ・スミス。米太平洋軍（現・米インド太平洋軍）司令部でトップを務めるロバート・ウィラード司令官は明快に語ってみせた。

さらには「海洋進出が著しい中国を注視し続けなくてはいけない」のだとも。

日本記者クラブ海外取材団の一員として訪れた2012年1月のことである。

独裁者として北朝鮮に長く君臨し、金王朝を支えた金正日《キム・ジョンイル》総書記が死亡したのが2011年12月。それを待っていたかのように、オバマ米大統領が新国防戦略を発表し「アジア太平洋地域を最優先にする」と、米国のアジア回帰を明らかにした直後の取材だった。

それだけに記者たちの質問は米国にとって、そして日本にとって21世紀の最大のライバルである中国関係に集中した。

「中国軍の『接近阻止・領域拒否（A2／AD）戦略』をどうみるのですか？」

「空母キラーと呼ばれる対艦弾道ミサイルの脅威はどうでしょう？」

記者たちのたたみかけるような質問に、ウィラード司令官は「中国は非常に目覚ましい軍備拡張を進めており、今後も軍事能力の拡大が図られていくと思う」と答えた。

米軍内でも卓越した戦略思想家として知られる人物だけに、緊迫するアジア情勢を受けた厳しい質問にも決してたじろぐことはなかった。

米艦隊狙う弾道ミサイル開発

この時、日本記者クラブの記者たちが勢い込んで口にした接近阻止・領域拒否戦略とはそもそも何なのか。それに触れなくては日米共同訓練レゾリュート・ドラゴン21の実像は見えてこない。

この接近阻止・領域拒否戦略とは中国軍が新たに打ち出したコンセプトで、一言で言うと米軍を中国近海に寄せ付けないという考えだ。具体的には沖縄―台湾―フィリピンを結ぶラインを「第1列島線」、その外側の小笠原諸島―グアム―インドネシアを「第2列島線」と設定する。

このふたつの列島線の間を絶対的防衛区域と位置付け、米国にとって強力な軍事カードである空母を中心とする機動群を迎撃する戦略なのである。目指すは東シナ海、南シナ海を米国の手の届かないものとする内海化計画でもある。かつて旧海軍は日本海を「天皇の浴槽」に譬《たと》え、制海権を誇示したが、それと類似の構想でもある。

ある中国軍将官が放った言葉が接近阻止戦略のすべてを明確に物語っている。

「中国が大国になるには第1列島線を突き進まねばならないのだ」

そのため中国軍は地上から直接、米艦隊を狙うことができる世界初の対艦弾道ミサイル東風《とうふう》DF21Dを開発し、第2列島線までを射程（約2000キロ）に収めたとされる。これが「空母キラー」である。

さらには、米軍にとって原子力潜水艦と戦略爆撃機の根拠地であるグアムを視野に入れた発展型DF26（射程約5000キロ）の配備さえも始まったという。こちらは「グアム・キラー」と呼ばれる。

このように急速な経済成長を背景に露骨なまでの海洋進出を図る中国が、米国に突きつけた接近阻止戦略という切り札。それに対する海洋覇権国家アメリカとしての回答が、オバマ大統領によるアジア回帰宣言であった。そしてその中国軍に正面から直接対峙するのが、米軍の中でも最大の戦闘集団といわれる米インド太平洋軍で、中国封じ込めの大役を担っているのである。

本州最北端で鳴り物入りで行なわれたレゾリュート・ドラゴン21は、そんな米国の対中国戦

⬆左が米軍の「HIMARS」。右は陸自の「88式地対艦誘導弾」。
⬇「第１列島線」は、沖縄〜台湾、フィリピンを結ぶ中国の軍事防衛ラインのことで、「第２列島線」は、小笠原諸島〜グアム〜インドネシアを結ぶ対米防衛ライン。

（米軍事系シンクタンク「戦略予算評価センター」資料を基に東奥日報社が作成したものを日本語に改編。）

略の一環であったのだ。

狙いはただ一つ。第1列島線で中国をたたけ――。究極の水際防御作戦である。

米の新作戦構想「EABO」

日米間で最大規模とうたわれただけあって、レゾリュート・ドラゴン21に参加した部隊の陣容は豪華の一言に尽きた。

陸自は第9師団の中核である第5普通科連隊（青森市）のほか、八戸駐屯地に展開する第4地対艦ミサイル連隊、第2対戦車ヘリコプター隊を投入。米海兵隊のＨＩＭＡＲＳとともに八戸に来襲する〝敵部隊〟への反撃に用いた。

その名が示す通り、第4地対艦ミサイル連隊は海上の艦艇に対して、88式地対艦誘導弾（ＳＳＭ1、射程約150キロ）と呼ばれる、一種の長距離巡航ミサイルで攻撃を加えることが役目である。一方、第2対戦車ヘリ隊は強力な対物ミサイルを装備する攻撃ヘリＡＨ1Ｓコブラを8機抱える。ともに東北地方では唯一の虎の子部隊である。

従って日米共同訓練は、八戸沖に姿を現した〝敵艦隊〟に対して第4地対艦ミサイル連隊が、そして海岸に押し寄せる〝敵上陸部隊〟に対して第2対戦車ヘリ隊が反撃するという構図で進展したことが容易に想像できる。これら2隊との一体化が米海兵隊ＨＩＭＡＲＳ部隊の主テーマだったのは明らかで、特に「情報の共有と連携体制の確認作業」が念入りに行なわれたという。

ＡＩ（人工知能）時代の到来とともに「情報共有」が日米双方にとって最優先事項となっているのは言うまでもない。そのため、レゾリュート・ドラゴン21では陸自のレーダー群と米軍偵察衛星、さらには海自八戸航空基地の哨戒機Ｐ３Ｃと、やはり哨戒機の米海軍Ｐ８が一体となって〝敵艦艇〟を探し出すという共同作戦も展開されたとみられる。目標役を務めたのが米海軍横須賀基地所属のミサイル駆逐艦「ラルフ・ジョンソン」（９２００トン）である。

じつは、このシナリオは「機動展開前進基地作戦（ＥＡＢＯ《エアボ》）」と称される米海兵隊の新たな作戦構想に基づいて行なわれた初の訓練であった。

軍事専門家のひとりは次のように言う。

「強力で高性能な対艦弾道ミサイルや艦艇を豊富に持つ中国と、南西諸島などの離島で戦うために編み出された新しい運用方針がＥＡＢＯなのです。ＥＡＢＯは敵の脅威にさらされている戦闘正面に海兵隊をいち早く送り込み、そこを前進拠点として海軍や空軍の戦闘をサポートする新戦術のことです。具体的には、空輸可能で機動力のあるＨＩＭＡＲＳを中心にした小規模なミサイル部隊を島ごとに分散配置し、移動を繰り返しながら中国艦隊と上陸部隊に反復攻撃を仕掛ける。そうすることで敵を消耗させ、味方の空母機動群や空軍爆撃機の来援を待つという考えなのでしょう」

中東でのテロとの戦いから、太平洋での中国封じ込めに軸足を大きく移した米国がたどり着いた新たな戦略。その一つがＥＡＢＯだというのだ。これまで米海兵隊が誇りとしてきた敵地への強襲上陸をかなぐり捨て、沿岸地域での防御に徹しようというのである。

その歴史的な転換点を八戸で目撃することができたということだ。これは中国という脅威を前に、新しい「国防のカタチ」を模索する自衛隊にとっても新たな出発点だったといえる。

「ＥＡＢＯについてよく理解し、訓練を通じて出た課題を整理し、次の段階でさらに強固にしていく」

演習中にそう力強く訓示した陸自第5普通科連隊長、降籏慎生《ふりはたよしお》1佐の言葉がそれを端的に表している。

ちなみに、陸海空の3自衛隊はレゾリュート・ドラゴン21開始直前の２０２１年11月末まで、空自三沢基地を中心に総合ミサイル防空訓練を行なっていた。

防衛省は「宇宙、サイバー空間を含めた領域横断作戦（ＣＤＯ）に関する訓練も実施する」と説明するにとどめたが、これもまた日米共同訓練の一環とみることができるだろう。

ＥＡＢＯに続いてＣＤＯと聞き慣れない軍事用語が登場するが、これもまた新戦術で陸海空の領域に加えて、宇宙、サイバー、電磁波という新しい領域をしっかりと守りながら戦い抜くという作戦である。

これを実現するためには、すべての領域にまたがって運用できる能力が必要であり、機動的な南西シフト戦略を取ろうとしている陸自にとって重要課題と位置付けられている。レゾリュート・ドラゴン21の狙いが、この陸自にとっての新戦術CDOと米海兵隊のEABOとの融合、さらには実戦化にあったのは間違いない。

台湾有事　南西諸島に波及想定

それでは、ことほどさように重要な日米共同訓練の舞台になぜ八戸が選ばれたのか？

その問いかけに、元海自幹部で軍事研究家の文谷数重《もんたにすうちょう》は答える。

「米海兵隊が今最も共同演習を望む相手、つまりは陸自の地対艦ミサイル連隊があるうえに、八戸演習場や六ケ所対空射場（六ケ所村）など訓練施設が近くに、しかも海沿いにあるからでしょう。海自と陸自の基地が隣り合わせで移動に都合がいいし、海自八戸航空基地の滑走路も長くて駐機場も広い。要するに便利なんです」

文谷は防衛省統合幕僚監部のほか海自横須賀総監部、仙台防衛施設局などでの勤務歴がある軍事研究家で、軍事専門誌『軍事研究』（ジャパン・ミリタリー・レビュー）の常連ライターでもある。海自は3佐で退官したが、幹部時代に八戸、大湊での勤務経験もあり、青森の地理的状況も熟知している。そんな文谷が「八戸が選ばれた最大の理由」に挙げるのが中国の存在にほかならない。

「レゾリュート・ドラゴン21が中国を対象にしていることも、それも台湾有事を想定しているのは明らかです。実際問題として、もし、台湾有事が南西諸島に波及したら訓練と同じような展開になるのでしょう。だからこそ中国を無駄に刺激したくなかったのです。九州なら近すぎるけど、青森なら一定の距離がある。距離があるからこそ、中国軍も演習の監視に出てきづらいというわけです。米海兵隊の高機動力と、日米の高度な指揮統制能力を見せつけるという意味もあったのでしょう」

年が明けた2022年2月、中国の軍事サイトはレゾリュート・ドラゴン21についての大型記事をネットに掲載した。写真を30枚以上使う破格の扱いで中国側がいかに関心を持っているかの表れだった。サイトは次のように解説する。

「この訓練を通して日米両軍は共同で戦う際に必要な戦術的および技術的な協力の手順を確立しました。これが過去の訓練との最大の違いです」

第2章

「南西シフト」。揺れる石垣島

⬆射程150㎞以上の巡航ミサイル「88式地対艦誘導弾」。自衛隊の南西シフトの主力兵器だ。

⬇尖閣諸島から約170㎞の位置にある石垣島。石垣港には海上保安庁の巡視船17隻以上が配備されている。

撮影：上／斎藤義陸（東奥日報）、下／筆者撮影。

対中国「南西シフト」

対ロシア（ソ連）から対中国へ――。新冷戦時代の到来とともに今、日本国内で大胆な「南西シフト」が進行している。陸自を中心に、北（北海道・東北）から南（九州・南西諸島）へ兵力を再配置する軍事戦略の大転換である。沖縄と並ぶ基地県である青森でも、陸自八戸駐屯地に拠点を置く第4地対艦ミサイル連隊の動向が、この劇的な動きに深く関わっている。

南西シフトの目的は言うまでもなく島嶼防衛にある。鹿児島県大隅半島から日本の最西端である沖縄県与那国島まで1200キロに及ぶ南西諸島を、長大な海の防壁に仕立て上げ、中国を東シナ海に封じ込めようという考え方である。

ちなみに、第4地対艦ミサイル連隊は1996年に4つの中隊で開隊したが、このうち第4中隊が2019年3月に、さらには第3中隊が2022年3月に廃止され、現在は2個中隊を残すだけとなっている。つまりは半減したのだ。

では、八戸から消えた第4中隊、そして第3中隊はどこに行ったというのか？

前者は「第301地隊艦ミサイル中隊」と名称を変えて、奄美大島南部の瀬戸内《せとうち》分屯地で新たに編成された。後者は「第303地対艦ミサイル中隊」の名の下に熊本市健軍《けんぐん》駐屯地で生まれ変わっているが、将来的には沖縄県石垣島などに再配置される可能性がある（この文章を書いている段階で第303地対艦ミサイル中隊の石垣移転は未決定だった。こうした第301、第303地対艦ミサイル中隊の動きはとても重要なので後述する）。

石垣島には防衛省が2022年度末までに、新たな地対艦ミサイル部隊を開設する予定だ。その候補部隊の一つが熊本の第303地対艦ミサイル中隊だと多くの軍事専門家がみているのだ。

石垣島は尖閣諸島までわずか170キロという対中国最前線の島である。軍事評論家の前田哲男（84）が「南西諸島のミサイル基地化」と端的に表現する劇的な戦略転換の〝今〟を見届けようと現地に向かった。

対艦、対空の「槍ぶすま」

南西諸島の中心地であり、ターミナルである那覇市から飛行機で1時間。たどり着いた石垣島は雨に煙っていた。5月特有の梅雨前線のせいだった。

「あいにくの天気でよく見えませんが、あそこが陸上自衛隊駐屯地の建設地です。2022年度末までに地対艦ミサイル部隊などが配備される予定です。青くて巨大なビニールシートで覆われているから遠目でもすぐに分かるでしょう」

案内役を買って出てくれた石垣市議の花谷史郎《はなたにしろう》（39）が傘も差さずに説明してくれる。

花谷市議の指先に見えるのは、石垣島の中心部にそびえ立つ於茂登岳《おもとだけ》（526メートル）。

石垣島はおろか沖縄県内で最高峰であることから聖地とみなされている。山々には神々が宿るという縄文以来のアニミズムが今も生活の中に根付いているのだ。

南国の大きな雨粒に負けまいと目をこらすと、山の裾野にビニールシートのようなものがうっすら確認できた。

「あの陸自建設地は平得大俣《ひらえおおまた》地区と言います。基地ができると初めて分かったのは2015年で、早くも翌年には市が受け入れを表明しました。於茂登岳周辺は酸性土壌で、パインやマンゴーなどの果物ほか、野菜などの栽培に最適で農地として一等地なんです。そこにいきなり基地でしょう。驚くとともになぜ、何のためにという思いが強くて……。その疑問は今でも続いています」

花谷市議はビニールハウスで園芸作物作りに励む農業者。自身の農地は指さした自衛隊建設地と隣り合っているのだという。

約200の島々が1200キロにわたって弧状に連なる南西諸島はかつて「防衛の空白地帯」と呼ばれた。陸自部隊は沖縄本島に少数あるだけだった。それが劇的に変わったのは2010年のことだ。防衛計画大綱で南西シフト戦略が示され、以来急ピッチで陸自配備の動きが続いている。

第1章で紹介したように、南西諸島は中国が考える軍事上の防衛ライン＝第1列島線と見事に重なっている。そうである以上、中国の太平洋進出を阻む仕組みが欲しいと防衛省が考え、導き出した答えが、地対艦と地対空の両ミサイル部隊をセットにして主要な島々に配備する「槍ぶすま戦略」であった。

もともと青森県に置かれていた第4地対艦ミサイル連隊の第4中隊が、2019年に第301地対艦ミサイル中隊と部隊名を変え、奄美大島で新編成されたのも、そうした大きな流れの一つと受け止めていい。

防衛省は奄美大島に続いて2020年には宮古島に地対艦ミサイル部隊を配備し、残る配備予定地が石垣島となっている。時期は2022年度末で規模は570人。その部隊の候補の一つに目されているのが、繰り返すように第4地対艦ミサイル連隊にルーツを持つ第303地対艦ミサイル中隊というわけだ。

石垣島は「防衛の空白地帯」埋める最後のピース

こうした南西諸島への部隊新設ラッシュを防衛省は「創設以来の大改革」と位置付け、岩屋毅防衛相（当時）は「守りの空白地帯が埋まっていく」（2019年）と表現した。その南西諸島の防衛の空白を埋める最後のピースとされる石垣島が今、花谷市議の言葉にあるように大きく揺れている。受け入れ賛成か反対か。基地新設に伴う宿命的命題である。

「石垣島ポトリ果マンゴー」という特産品を主軸に据えたフルーツ園を、父親とともに経営する金城龍太郎（31）は言う。

「私の畑は平得大俣地区の基地建設地からわずか300メートルくらいの場所にあります。われわれ農家を支えているのは於茂登岳から流れる水です。だから、陸自施設が農業用水にどのような影響を与えるのかが最大の関心事でした。基地は生活そのものに関わる身近な問題だったのです。ところが、環境アセスメントも十分行なわれないまま着工されてしまった。隠れるように強行されたというイメージです」

もともと、金城は基地に対して賛成でも反対でもなかった。彼が一番知りたかったのは島の人が基地建設をどう受け止め、どう考えているか。そのため、同世代の仲間たちと「石垣市住民投票を求める会」を立ち上げ、署名活動を始めた。「生活環境が壊れ、観光にも悪影響が出るのでは」との懸念が活動を後押しした。

2018年11月からわずか1か月のうちに集まった署名は1万4263筆に上る。これは市民の4割近くに当たる。しかし、提出先の石垣市議会では可否同数で議長裁決に持ち込まれた末に否決。「議会で否決されたことで署名効力は消滅した」と市長にも否定された。

そして2022年2月。陸自配備計画を争点の一つに石垣市長選が行なわれたものの、誘致推進派の現職が小差で再選。市は基地受け入れに向けた動きをさらに加速させようとしている。

実際に花谷市議の案内で駐屯地建設地を訪れてみたが、山あいという立地もあり、内部が容易に見られないような造りになっていた。車両出入り口を頻繁に資材運搬車が通るのと、パイルを打ち込むような鈍い音が印象的で、基地建設が急ピッチで進んでいることを裏付けていた。

「建設工事前に住民投票ができたら良かったのですが……」と金城。

結果的に先の市長選では誘致推進派が慎重・反対派に競り勝った形だが、陸自配備問題は今なお市民を二分し、深く大きな影を落としている。

国の説明　ふわっとした言葉だけ

観光と農漁業を主産業とする石垣島。そこに陸自配備計画は人と物と金をもたらす。経済的メリットは大きい。

一方で、石垣島は中国と領有権でもめる尖閣諸島の魚釣《うおつり》島を北170キロに抱える国境の島でもある。経済と政治が島の中で複雑に交錯するのだ。それゆえ、多くの市民が口をつぐむ中、あえて語ってくれたのが会社員の石垣聡（58）だった。

「離島でコミュニティーが小さいから、本音を言いづらい環境にあります。陸自配備についてはお金が絡んだデリケートな問題だからなおさらです。島民が話したがらないのは傷つけ合いたくないから。私個人は自衛隊に否定的ではありません。災害時に役立つし、何より、目の前の尖閣諸島で日本と中国がぶつかり合っているという現状があります。率直なところ、基地建設については国のやることだから止められない、と半ばあきらめ傾向で受け止めている人が多くて、『どうでもいい』という意見が大半なような気がします。問題が大きすぎて島民レベルではどうにもできないと捉えているのです」

「だからこそ、思考停止状態に陥ることなく現状を知る必要があるのではないでしょうか」と強調する花谷市議。

「こんなに陸自配備計画が進みながら、いまだにどんな部隊が、何のために来るのか、国から詳しい説明がありません。『石垣周辺の海域の安全確保』というふわっとした言葉だけが独り歩きしています。なぜ石垣に本土から、それもはるか遠く北の地の青森から地対艦ミサイル部隊を移さなくてはいけないのか、その明確な理由を私を含めて島民の多くが知らないのです。こういう進め方をする国が有事の際、われわれ島民を守ってくれるのでしょうか。再び島が捨て石にされるだけなのではないでしょうか」

花谷市議の頭をよぎるのは、太平洋戦争末期に本土防衛のため犠牲になった南西諸島の姿だ。

もし侵攻されたら……　防衛省、戦い方を分析

「石垣侵攻想定し作戦分析」

「島全体で戦闘」

「住民影響触れず」

地元紙沖縄タイムスに、そんな大きな見出しが躍ったのは2018年11月30日のことだ。

この記事によって明らかになったのは、防衛省のワーキンググループが、石垣島が実際に攻められた場合を想定した戦闘分析を行なっていたという事実だった。驚くべきことに、その中では集落ごとの残存率、つまりは生き残り数まで計算していた。

「驚きました。こんな島の見方があるのかと。本土の役人はこういう数字で島を見ているのかと。情というものを感じず、とても悲しかったです。基地ができるということはこういうことなのかとつくづく思いました」と語るのは元教諭の町田敬子（66）だ。

そんな島民の思いをよそに政府は2020年12月、スタンド・オフ防衛能力（※）保有について閣議決定した。

現在、防衛省は88式地対艦誘導弾（射程150キロ以上）から12式《ひとにいしき》地対艦誘導弾（射程200キロ以上）に更新中だが、この閣議決定によって12式地対艦誘導弾の射程をさらに延ばす計画なのだ。

目指すは1000キロ。これが実現したあかつきには、南西諸島から中国沿岸部がすっぽり射程に収まる計算だ。強力な中距離巡航ミサイルの誕生といっていい。防衛省からは「最終的

※わが国に侵攻する艦艇などに、脅威圏外の離れた場所から対処する能力。

には1500キロまで」といった威勢のいい声も聞こえてくる。

こうした動きについて、在日米軍と自衛隊基地の現地調査を精力的に行なっている名古屋学院大学の飯島滋明教授（憲法、平和学）は次のように分析してみせる。

「政府は中国への『抑止力』を理由に、南西諸島をミサイル基地化しようとしているのです。これはもともと米国が言い出した戦略で、それに日本が乗っかった形でしょう。陸自にとっても不要になっていた地対艦ミサイル部隊を再活用できるし、米国内で存在意義が問われている海兵隊にとっても同じこと。両組織が生き残りをかけた戦略でもあるのです」

飯島教授は、2021年12月に陸自八戸駐屯地で大々的に行なわれたレゾリュート・ドラゴン21で、米海兵隊が披露した新戦術EABO（機動展開前進基地作戦）に注目しなくてはいけないとしたうえで次のように続ける。

「青森でのレゾリュート・ドラゴン21は、米軍にとってHIMARSという地対艦ミサイルの有効性をアピールする絶好の場だったとも考えられます。それは88式地対艦誘導弾を抱える陸自にとっても同じことでしょう。問題は南西諸島の島々がそれを求めているのかということです。地対艦ミサイルの長射程化は将来的に反撃能力（敵基地攻撃能力）問題とも結び付いていきます。石垣島で明らかなように、基地の是非については十分な情報が与えられなくては判断のしようがありません。住民自治、国民主権の視点から今、南西諸島で求められているのは国の積極的な情報提供と説明なのです」

新冷戦時代の到来によって政治・軍事情勢が激変する中、対中国最前線の島が大きく揺れ動いている。

地対艦誘導弾（SSM）

地形に応じた動きは一種の巡航ミサイル

「敵艦艇を洋上で撃破し、上陸させないようにする。それが最大の任務です。陸自で最初に火ぶたを落とす部隊と言っていいでしょう。88式地対艦誘導弾はかなりの威力があります。故障しない限りまず命中しますし、当たれば艦艇は沈むか、活動停止状態に陥るはずです」

陸自八戸駐屯地の中核部隊である第4地対艦ミサイル連隊。そのナンバー2の地位にある副連隊長、笠原宏明2佐はそう説明した。東北で唯一の対洋上打撃力として存在する第4地対艦ミサイル連隊の全容が知りたくて取材した2010年2月のことだ。

「艦艇は沈む」

全長5メートル、重さ660キロに及ぶミサイル本体を目にした瞬間、笠原副連隊長の力強い言葉に思わず納得した。この巨大な地対艦ミサイルを150キロ以上先まで飛ばすことができるのだという。

88式地対艦誘導弾は本体に組み込まれた小型レーダーと慣性誘導装置の組み合わせによって山などの丘陵地を巧みに迂回することができる。そして敵艦のいる洋上に出た途端、迎撃を避けるため海面をはうように突き進む。地形に応じた動きは一種の巡航ミサイルと言っていい。

怒濤のように押し寄せるソ連軍の上陸艦艇群を沖合で押しとどめ、水際で撃破する——。そのコンセプトの下、冷戦時に開発されたのが88式地対艦誘導弾なのである。

陸自は88式地対艦誘導弾の専門部隊（連隊）を1992年から6個編成し、そのうち4個を北海道と東北の北日本に集中配備した。冷戦時から綿々と続く北方重視策のなせる業だった。

6輪式の大型トラックを改造した発射機1基は、それぞれ6発の88式地対艦誘導弾を装備する。ひとつの連隊（4個中隊編成）はこの発射機を16基持つから、100発近いミサイルを一斉発射できる計算だ。これに予備ミサイルを入れると……。

笠原副連隊長の言葉通り、かなりの脅威となる。

こうした地対艦ミサイル連隊は世界でも特異な存在だが、1990年代の冷戦崩壊に伴って存在意義を失いつつあった。ところが今、急速に息を吹き返し始めている。南西シフトである。

また、地対艦ミサイルについては最近、世界の軍事関係者を驚かせる出来事があった。2022年4月のロシア黒海艦隊旗艦のミサイル巡洋艦「モスクワ」（1万2490トン）の沈没である。

ウクライナ製の地対艦ミサイル「ネプチューン」2発によってあっけなく撃沈したのだが、地対艦ミサイルの威力をあらためて知らしめる結果となった。黒海艦隊のシンボルである旗艦が破壊されたのは第一次大戦中の1916年、戦艦「インペラトリッツァ・マリーヤ」以来、106年ぶりのことである。

ロシアが受けた衝撃度も分かろうというものだ。ロシア海軍にとって、「モスクワ」の三重の防空システムを突破されたこともショックだったことは想像に難くない。
ちなみに、日本製の88式地対艦誘導弾と後継の12式地対艦誘導弾の性能はネプチューンをしのぐとされている。もって知るべしである。

木村次郎・防衛政務官に聞く

「国防の空白地帯を埋める」のかけ声とともに始まった南西諸島の防衛力強化。いわゆる南西シフトが2023年3月の陸自石垣駐屯地開設で一段落した。軍事力増強が著しい中国、弾道ミサイルを発射し続ける北朝鮮など緊張する東アジア情勢の中で、「北の要衝」に位置付けられる青森の将来像は？　防衛省ナンバー3、防衛政務官の木村次郎衆院議員にインタビューした。

——防衛機能の重点を南に移す南西シフトがこれまで積極的に進められてきました。これは防衛戦略の大転換で、特に青森、沖縄県の自衛隊部隊に変化が見られます。冷戦時代から一貫して北の要衝と捉えられてきた青森の戦略的位置付けに今後変化はあるのでしょうか。

「地理的要衝にある青森県は北部防衛の要で、陸海空3自衛隊の重要な部隊と装備が配置されています。防衛体制の強化は喫緊の課題であり、そのため青森県に配備されている部隊のさらなる強化は不可欠と考えています。例えば地方総監部が置かれている海自大湊の場合には港湾施設などの整備が必要となります。日本の防衛の要の一つとして青森県の重要性はより高まっていくと考えています」

——青森県内の自衛隊の変化で最近顕著なのは陸自弘前駐屯地。第9偵察隊が2023年度に廃止されます。南西シフトの一方で北の陸自部隊の減少は続くのでしょうか。

「第9偵察隊は岩手駐屯地（岩手県滝沢市）の第9戦車大隊と統合され、『第9偵察戦闘大隊』が編成されます。結果的に弘前駐屯地の定員は1290人から1100人になります。一方で、八戸駐屯地では第101高射特科隊を廃止しますが、2023年度新たに（地対空ミサイルを装備する）『第5高射特科群』を展開し、定員は1430人から1610人へと増えます」

——陸自弘前は減る一方で陸自八戸は増える。全体的には変わらないということですか。

「都道府県別にそうした既定方針があるわけではないのですが、総数の見通しとしてはそうなります」

——木村政務官の出身は青森県津軽地方。「隊員が減って経済的に困る」というような話は地元から耳に入ってきますか。

「そういう雰囲気があることは防衛関係団体を通して聞いていますし、弘前の経済界や市議会の反応も承知しています。いずれにしても、地方によっては自衛隊の存在が地域貢献につながっていることを踏まえ、配備に当たっては地元経済に配慮するよう努めます。2024年度以降の青森県内の体制については現時点で具体的に示せるものはありませんが、引き続き検討を進めていく考えで、地域にも適当なタイミングで丁寧に説明させていただきたい」

――政府が防衛力強化に向けて安保関連3文書を2022年12月に閣議決定してから半年以上が過ぎました。焦点となっていた反撃能力（敵基地攻撃能力）の保有が明記されるなど重要な時期に防衛政策の中枢にいました。

「大きな転換期に立ち会わせていただきました。反撃能力保有については、わが国に対するミサイル攻撃の脅威が現実的な状況の中、相手に攻撃をとどまらせる抑止力として閣議決定するに至りました。安保関連3文書は真に国民を守り抜ける体制をつくり上げるためのもので、決定して終わりということではありません。国民を守る最後のとりでとして、国民の負託に応えられるようしっかり努めていきます」

――日米同盟の中で日本は盾、米国は矛の役割を担うとされてきました。しかし反撃能力保有に伴って同盟は新局面に入り、自衛隊の機能は矛へ広がるのではないかと指摘されています。

「政府としては米国が日米安保上の義務を果たすことに信頼を置いていますが、わが国としても反撃能力を保有することで、日米同盟の対処能力を一層向上させることが肝要と考えます。あくまでも反撃能力は国民の命や平和な暮らしを守るためのものであり、あえて申し上げれば、ミサイル攻撃から国民の命を守るための能力ということができます」

――安保関連3文書は防衛費を今後5年間で約43兆円に増やして、GDP（国内総生産）比2％にするとしています。こうした防衛増税方針について最新の世論調査（2023年5月6日、共同通

信社）による と80％が「支持しない」と答えています。どう受け止めますか。

「世論調査に対して直接お答えすることは控えさせていただきます。今回の防衛力強化は、厳しい国際情勢の中で『いかにすれば国民の命を守り抜けるのか』について現実的なシミュレーションを行い、必要となる防衛力の内容を積み上げて導き出したものです。（防衛費を増額させる）５年間の内容については、国民にしっかりと丁寧に説明していこうと考えています。防衛省のホームページにも２０２３年３月に『なぜ、いま防衛力の抜本的強化が必要なのか』という新しい資料を掲載しました。ご覧いただければと思います」

⬇米領グアムの新基地「キャンプ・ブラズ」開所式でスピーチする木村次郎・防衛政務官（2023年1月25日、防衛省HPより）。

第3章

人口1600人 国境の島と自衛隊

⬆国防の最前線。与那国島久部良地区からの眺望。空気が澄んだ快晴の日には110km先の台湾が見える。

⬆2016年に新設された陸自与那国駐屯地には与那国沿岸監視隊など各種部隊が配備されている。

写真上／与那国町役場提供、下／筆者撮影

要塞化進む与那国

「自衛隊と地元住民の関係性、何より基地がやって来るとはどういうことなのか、そしてどんな影響をもたらすのかといった問題が、とても分かりやすい形で表れている場所がこの与那国という島なんです。ある意味で壮大な社会実験のようにも見えます」

開口一番、猪股哲（45）はそう語った。

はるか北の青森県出身ながら、日本最西端の島である与那国に移り住んで18年になる。地元名産のカジキを使った名物パスタとロールケーキで知られるおしゃれな「モイストロールカフエ」を島西部の久部良《くぶら》地区で営むかたわら、南西諸島ピースネットの共同代表として基地や環境問題などについて積極的に発信している。

南西諸島のターミナルである那覇市から510キロ。対して、台湾までわずか110キロ。文字通り国境の島である与那国。この地に沿岸監視隊を主力に陸自駐屯地が姿を現したのは2016年のことだ。隊員総数は170人。1972年の本土復帰後、沖縄県内に自衛隊施設が新設されるのは初めてのことだった。

その陸自与那国駐屯地が開設されて6年。2022年3月には車載型の移動式警戒監視システムを常設する空自第53警戒団与那国分遣《ぶんけん》班（約20人）が加わるなど、島の要塞化がさらに進展し、２０２３年度には電磁波で相手の通信やレーダーを妨害する電子戦部隊の増設も見込まれている。

ふだんはダイバーや釣り客でにぎわう観光の島は、各種アンテナと監視レーダーが林立する「情報収集の島」と化しているのである。その長く鋭く伸びた耳と目が向かうのはもちろん中国である。

中国をにらむレーダー群

島の中央にある与那国空港に降り立ち、島をぐるりと見回した瞬間、ある場所に似ているなと思った。

それは日本最北端で宗谷海峡を望む北海道稚内市。似ていると感じた理由は至って簡単だ。それだけ各種のアンテナとレーダー群が林立しているからだ。

島を代表する久部良岳（標高１９４・６メートル）、インビ岳（１６４メートル）といった山々の頂上周辺には、ドームに覆われた自衛隊のアンテナやレーダーが目立つ。これに民間の通信・放送用アンテナなどが加わるから、小さな島全体がまるでハリネズミのようでもある。すべてが厳重な警戒態勢にあるので、漂う緊張感もなかなかのものだ。

稚内突端にある自衛隊稚内分屯地は冷戦時から、そして今も北を見据えた目であり耳である。

簡単に言うとロシア（ソ連）を対象にした情報収集基地なのだ。1983年の大韓航空機撃墜事件の際、ソ連軍戦闘機の交信記録を傍受したことで世界に一躍存在を知らしめた軍事拠点でもある。

その構成部隊の一つである陸自第301沿岸監視隊をモデルにつくられたのが与那国沿岸監視隊といわれる。情報部隊の性格上、詳細は謎に包まれているが、米軍事系民間シンクタンク、ノーチラス研究所の調査資料によると、以下の4つのシステムによって構成されているのだという。

1　短波（HF、DF）を対象にした無線方向探知機
2　超短波（VHF）や極超短波（UHF）用の通信傍受機
3　海上艦艇や潜水艦の音を捉えるソーサス（水中探知機）
4　移動式のレーダーシステム

4番目にある「移動式のレーダーシステム」とは、2022年3月に正式配置された空自第53警戒団与那国分遣班の車載型移動式警戒監視システム「TPS102」を指している。

これらの傍受システム類を見渡しただけでも、与那国沿岸監視隊の任務が単なる国境警備な

どではなく、艦艇や航空機をはじめとした中国海・空軍の動向確認にあることは明らかだろう。

中台の影におびえ続けて…　町長「陸自配備　大きな意味」

1年を通して波が荒く、交通の便が悪いことから「島へ渡ることがなかなか難しい離島」、すなわち「渡難《どなん》」と呼ばれたことさえあるこの与那国島が、にわかに軍事的注目を集め始めたのは2010年のことである。

わずか北150キロにある尖閣諸島で、領海警備に当たっていた海上保安庁の巡視船に中国漁船が衝突する事件が発生したのだ。これを機に尖閣領有問題が一気に急浮上し、中国はおろか隣の台湾とまで緊張が高まった。

与那国町の糸数《いとかず》健一町長（68）は当時を振り返って言う。

「米軍統治時代の名残から、それまで島の真ん中に台湾軍の防空識別圏が設定され、われわれ住民にとっては屈辱的でした。それでは、この与那国は台湾、そして中国にくれてしまっていい島なのか、おかしいだろうと。そういう素朴な疑問から始めたのが自衛隊の誘致活動だったのです」

糸数町長は与那国防衛協会立ち上げに関わるなど、自衛隊誘致の中心的人物。島の防衛体制について町議時代には「駐在する警官2人と回転式拳銃2丁だけでは心もとない」との趣旨の発言をしたことでも知られる。

空気が澄んだ日には110キロ先の台湾が見えるという与那国は糸数町長の言葉通り、米ソ冷戦終結後、中国さらには台湾の影におびえ続けてきた過去を持つ。

例えば、中国が台湾総統選挙に軍事的圧力をかけることで起きた第3次台湾海峡危機（1996年）。中国が威嚇目的で放った弾道ミサイルが与那国沖合に着弾し、対抗する台湾軍が与那国との間に射撃訓練区域を一方的に設定するような事態にまで発展した。このため、与那国の漁業者は長期間にわたって操業することができず社会問題となった。

最近では2021年12月16日の深夜、台湾軍演習の砲撃音が海上で5時間にわたって鳴り響き、島民が緊張で眠れぬ夜を過ごした。

さらに2022年5月上旬には、空母「遼寧」（5万8500トン、北海艦隊所属）を主力にした中国海軍の機動部隊8隻が宮古島から石垣島、そして与那国にかけての南方海域で艦載機の発着艦訓練を激しく展開した。そして7月初めにはロシア艦3隻が与那国と西表島の間を北上し東シナ海に。「台湾有事」は島にとって身近でリアルな問題なのだ。

そんな中、興味深い本が2023年4月に刊行された。『完全シミュレーション 台湾侵攻戦争』（講談社）。筆者は元陸自中部方面総監の山下裕貴（66）。

政府要人を対象とした図上演習の企画・指導を担当し、作戦関係に精通した山下は雑誌インタビューに「中国の台湾侵攻はある」と答えたうえで、次のように持論を展開している。

「問題はそれがいつなのか、です。最も可能性が高いのが27年。習近平国家主席（69）の3期目が終わって4期目をうかがう節目であり、人民解放軍創設100周年の年。25年に米インド太平洋軍の戦力を人民解放軍が凌駕することも、侵攻を後押しするでしょう。台湾海峡は夏場に多くの台風が通過し、冬場は強風が吹き、濃い霧が発生する。27年の春先か秋口がXデーだと見ています」（『フライデー』6／16・23日号）

いざ、台湾侵攻となれば、望むと望まざるとにかかわらず日本は巻き込まれる。そのように安保法制などを通して日米関係を深化させてきたからだ。糸数町長は言う。

「だからこそ、2016年に陸自部隊を配備できたことに大きな意味があるのです。これによって与那国を守るという日本の明確な意志が中国側に伝わったのかなと思います。ロシアのウクライナ侵攻を見ていても、自衛隊の誘致は正しかったと感じています。でも、この程度の部隊で守りきれるのかなという懸念も私の中にありますがね」


糸数町長が思い描くのは与那国駐屯地のさらなる増強だ。個人的見解と前置きしたうえで続ける。

「地対艦ミサイル部隊を奄美と宮古に配備し、次は石垣だと言う。なぜなのか。これらの島より国境という要衝にある与那国にこそ必要ではないでしょうか。中国に台湾で事を起こされたら真っ先に影響を受けるのは与那国なんです。だから、地対艦ミサイル部隊をこの島に配備すべきとはっきり申し上げているし、そのためには政治生命を懸ける、そういう立場です」

こうした陸自誘致の動きを後支えしているのは「自衛隊による地元経済の活性化」という考えだ。町有地を陸自施設用に貸し出すことで年間1500万円の収入があり、それによって島内にある小中学校の給食費が無料になった。防衛省負担によって念願のゴミ焼却炉も完成したほか、隊員子弟の加入によって複式学級も解消されたという。

陸自配備で増えた人口は家族も含めて290人。「税収も増えるなどメリットだらけ」と糸数町長は胸を張る。

基地によって島民分断

一方で、こうした自衛隊頼みと見えなくもない地域おこしに疑問を投げかけるのは、田里千《ち》代基《よき》町議（64）ら誘致反対派の人々だ。

与那国町は、台湾との観光交流を軸に自立を目指す「与那国自立ビジョン」を2005年に策定した。台湾への直行便就航、貨客船往来を盛り込む「国境交流特区」を国に申請。海を隔てた花蓮《ファーリエン》市と姉妹都市提携を結び、連絡事務所を開設するなどしたものの、残念ながら構想実現までには至らなかった。そうこうしている間に出てきたのが自衛隊誘致の動きだった。

260ページの年表を見てほしい。与那国が「交流の島」から「基地の島」へと変化を遂げた経緯が分かるだろう。当時、町経済課長としてビジョン実現へ奔走した田里町議は言う。

「子や孫のために島の将来をどう考え、どういう形で残すのか。そんな長い議論の末に生まれたのが、台湾との一体化によって経済活性化を図る与那国自立ビジョンでした。辺境の地から交流友好のフロンティアへ。隣り合う台湾とともに繁栄の道を切り開こうと考えたのですが…。現在進められているのは基地による島活性化で、ビジョン策定時と逆の道をたどっています」

「島を守るだけなら、海の警察である海上保安部だけで十分なのに、なぜ自衛隊でなくてはいけないというのか。国策ともいえる南西シフト、そして基地によって島民が分断されてしまったのが悲しいんです」

田里町議が話す「分断」とは、陸自配備を巡って二分された賛成、反対派の存在だ。人口1400人（※）の島は2009年から町長選挙の度に分裂。最終的に2015年の住民投票で賛成派が勝利し、自衛隊配備を追認した形となっている。

激しい闘いだったがゆえに、賛成、反対派の感情的対立はいまだに根深く、解消されたとは言い難い。駐屯地建設工事関連に伴う利権が絡むからなおさらだという。ある試算によるとその総額は400億円に上るのだという。

　※2023年6月末時点で1689人。

⬆与那国島でカフェを経営する猪股哲さん。青森市出身ながら、19年前に与那国島に移住した。

⬇与那国町の糸数健一町長。与那国町議（3期）を経て、2度めの挑戦となる2021年の町長選で自民党候補を破り初当選（いずれも筆者撮影）。

➡与那国町職員から町議に転身。自衛隊基地反対を唱えてる田里千代基さん。与那国町職員時代には台湾花蓮市との交流や台湾との直行便実現に向けて奔走した。

有事どこに逃げれば？

「自衛隊誘致反対の立場を明らかにしたことで、村八分みたいにされたこともあります。それまで集落の代表選手として出ていた伝統行事のハーリーにも呼ばれなくなったり、精神的につらい時期がありました」と話すのは、この章の冒頭で紹介したカフェ経営者の猪股だ。ハーリーとは航海の安全と豊漁を祈願し、サバニと呼ばれる小舟で競漕する沖縄伝統のイベントのことだ。

猪股は青森生まれだが、島に魅せられて2004年に移住。駐屯地のある久部良地区で古民家を買い取って店舗兼住宅に改築し、仕事の傍ら南西諸島ピースネットの共同代表として基地や環境などさまざまな問題に取り組んでいる。

基地ウオッチャーとしても知られ、沖縄県内外から講演や執筆依頼も来る猪股にとって気になるのは、基地が変えてしまった島の住民自治、そして伝統文化のありようだ。

「もともと、人口の少ない島に自衛官とその家族がどっとやって来て、有権者の16％を占めるようになりました。当たり前のことですが、彼らが基地に反対票を入れることは絶対にありません。陸自施設開設に伴う新住民がかなりの部分で選挙のキャスチングボートを握っているということです。わずか2～3年の勤務で島から去る人たちが政治的に影響力を持っているのです。基地増強で隊員が増えれば増えるほど、有権者の中での比率はさらに上がることになります。これではまるで壮大な社会実験のようです。のちのち対立の火種を残すことにもつながるのではないでしょうか」

基地をめぐってかつては拮抗したという賛成派と反対派。しかし、田里町議、猪股ら「基地反対」を公にする人は、今や少数派になってしまったという。そんな彼らが注目しなくてはいけないと口をそろえるのは2007年の米掃海艦2隻（佐世保基地所属）の寄港である。

「台湾有事に際して島が軍事的に使えるかどうか、先兵として掃海艦が調べに来たのです。あの日以来、米軍は与那国を南の防壁として重要視するようになったとみています。そうした米軍の動きに自衛隊が追随し、結果的に陸自配備につながったのだと」

現代戦の鉄則は開戦に際して敵の目と耳、つまりはレーダーサイトや通信・指揮機能を破壊することにある。それは1990年代の湾岸戦争、そして2003年のイラク戦争が如実に示している。そんな厳しい現実を背景に「基地誘致派」を自認する自営業の男性が本音を話してくれた。匿名が条件だった。

「情報収集基地ができたということは、まず最初にこの島が攻撃を受けるということなんでしょう？　軍事を知らない素人でもそんなことは分かります。島の周囲はわずか27キロ。有事の際には避難することになると言われていますが、こんなちっぽけな島の中でどこに逃げればいいのか…。いざとなれば、自衛隊だって戦闘に専念して住民を避難させる余裕なんてないでしょう。有事なんて怖くて考えたくもないです」

与那国町は2021年、住民を島外に避難させる計画案をまとめた。しかし、空港や港へ住民をピストン輸送するはずのバスは数台にとどまる。島外避難の責任は国にあるが動きは鈍い。命を守る。その意味が問われているのである。

南西諸島を旅して　基地巡る経済問題　北も南も同じ

石垣島に与那国島。南西諸島を取材することによって、基地は地方にとって切実な経済問題だという現実を思い知らされた。安全保障関係の取材に長く携わり、頭ではわかっているつもりだったが、あらためて突きつけられた形だ。

若者にとって魅力的な職場が少なく、人口流出が止まらない南西諸島。それは過疎・高齢化となって即座に跳ね返ってくる。島外に出ることなく親子でゆったり暮らしたい、小・中学生に本土並みの教育を受けさせたい。そんなささやかな離島の願いが陸自誘致には込められている。

「そうした基地を巡る構造は、沖縄と並ぶ北の基地県である青森も同じでしょう」とは、名古屋学院大学の飯島滋明教授の分析だ。

中国というスーパーパワーを仮想敵に進められる戦略転換「南西シフト」は、そんな地方の切ない思いを踏み台にしているのではないかと言うのだ。ロシアによるウクライナ侵攻という現実も危機感となって後押ししているのだと。

「政治的、思想的に正しいとか正しくないとか、そういう難しい問題ではないのです。陸自部隊が来たことで小中学校の給食は無料になったし、複式学級も解消された。子供を持つ親にとって大事なのは、そんなシンプルな日常生活なんですよ」

与那国で知り合った女性はそう語った。その言葉は自身に言い聞かせているようにも聞こえた。そして、ある男性は投げ捨てるようにこう言い放った。

「小さな島だからこそ濃厚で特殊な人間関係があり、どこで誰と誰がつながっているか分からない。波風を立てれば生活しづらくなるから、基地や政治の話はしないようにしています。タブーなんです。だから、あなたたち外部の人にも、とやかく言われたくない」

「南の島といえど楽園なんてないんですよ」

最後の一言がことさら耳に残った。

島を二分する陸自配備問題に直面し振り回された結果、疲弊しきった住民たち。国策と実生活の間で板挟みとなり、あえいでいるようにも見えなくない。基地がタブー視される理由はその辺にあるのだろうか。

那覇市出身の民俗学者で、沖縄学の父と呼ばれる伊波普猷《いはふゆう》（1876〜1947年）は南西諸島が抱えるさまざまな問題を端的に「孤島苦」と言い表した。現在の孤島苦の一つが基地問題、そう言えるのかもしれない。

第4章 対ロシアで苦悩する北欧スウェーデン

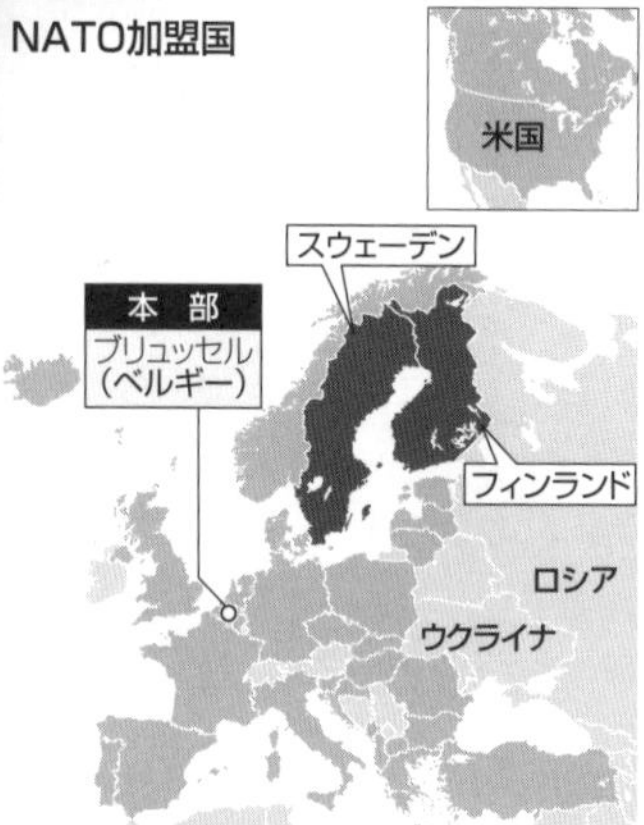

⬆スウェーデンの首都ストックホルムの商店街に「FUCK　PUTIN」の看板（2022年５月 撮影／金子葉子）
➡フィンランド、スウェーデンのNATO（北大西洋条約機構）加盟は北欧諸国の安全保障にどのような変化をもたらすのだろうか。

くたばれプーチン

「FUCK　PUTIN」

直訳すれば「くたばれプーチン」といったところか。北欧スウェーデンの首都ストックホルムの商店街に現れた看板だ。

「もともとスウェーデン国民は穏やかな気質なんですが……。ロシアがウクライナに攻め込んだ2022年2月を機に、スウェーデン全体が変わったように感じます。戦争によってスイッチが入ったんですね」

ストックホルム日本人会の前会長で、通訳兼翻訳家の金子葉子（63）は語る。

スウェーデンは200年の長きにわたって非同盟中立政策を貫いてきたが一転、隣国フィンランドとともにNATO（北大西洋条約機構）への加盟申請（2022年5月）に突き進んだ。世界の政治・軍事情勢が激変する決断だった。北欧の福祉大国で何が起きているのか？　国民の暮らしは？　スウェーデンの今を金子に聞いた。

「ロシア許せぬ」穏やかな国、軍隊色に

欧州全体を巻き込んだナポレオン戦争（1796〜1815年）以来、戦火とは無縁だった

スウェーデン。古い街並みが残り、公園として保存・整備されている場所も多い。冬が長く厳しい北欧の人々には光と色への憧れが強く、それゆえ国内は四季折々の花々であふれ返るのだという。

そんな自然を愛する穏やかな国をウクライナ侵攻は一変させた。スウェーデンに住んで17年。2020年までストックホルム日本人会の会長を務めた金子をまず驚かせたのはそんな街の彩りの変化だった。

「軍隊色といえばいいのでしょうか。深い緑色の服を多くの人が着るようになったんです。4人にひとりは身に着けている感じ。それだけ非常事態だという危機意識があるし、国内全体のムードにもなっています。テレビを見ていても、士官学校の教官ら軍関係者が解説者として連日出演するようになりました。それも制服でですよ。以前では考えられないことです。200年間戦争がなくて、いい意味で平和ボケしていた国が、まるでスイッチが入ったかのように一夜で変わってしまったんです。顔つきも変わりましたね」

一夜とはロシアが突如、ウクライナに攻め入った2022年2月24日のことだ。

「街はこんな軍隊色であふれているんです」

そう言って、金子が取り出した自前のジャケットは確かにオリーブドラブ色。自衛隊の車両にも使われているような軍独特の地味な色合いだ。

ウクライナ侵攻と同時に、店頭からはスウェーデン人が愛していたウオッカやカムチャツカ産タラバガニなどロシア産の食材があっという間に姿を消した。船員組合がロシア貨物船の入港を断固拒否し、ロシア製品をシャットアウトしたからだ。

「ロシアは許せない」

「ウクライナを支援しよう」

道行く誰もがそう口にし、前述のように商店街には「FUCK　PUTIN」の看板が見られるようにもなった。プーチンが率いるロシアなんかに負けない、そんな強い抵抗の意志が、軍隊色の衣服とともに看板に込められているのだ。

「スウェーデン国民の多くが、さすがにロシアの侵攻はないだろうと思っていました。そんな楽観論が裏切られたことへの反動もあるのではないでしょうか。独裁者プーチンとロシアは何をするか分からないというのが現在のスウェーデン人の共通認識です。不信感というよりは敵意に近いものがあるのかもしれません」

アフガニスタン、チェチェン、シリア……と、ロシアは多くの紛争の当事国となった。それぞれの紛争に際して、スウェーデンは難民を受け入れたものの、戦い自体には大きな関心を示さなかった。そんな国民が、なぜウクライナ侵攻に神経をとがらせるのか？　さらに、金子に疑問をぶつけてみた。

「同じ欧州内で起きた身近な戦争と捉え、衝撃を受けているのです。テレビも第一声は『欧州で戦争が起きた』でしたから。ウクライナのルーツであるルーシ建国にスウェーデン系住民も関わっているので、人種的に近いという感覚もあるのでしょう。自分たちと同じような姿をした人たちが激しい空爆や砲撃を受け、避難した地下室や地下鉄の暗闇の中で恐怖に震えている。焼け跡ではお年寄りの女性が泣いている。そうした映像を見ていたら、自分自身が切り裂かれているような切ない気持ちになるのでしょうね。悲壮感のようなものです」

　そんなスウェーデン国民の誰もが、ウクライナ侵攻の一報とともに取り出したのは『戦争が起きた場合』という小冊子だという。政府が2015年に作成した有事マニュアルのようなもので、金子さんのように居住許可（国民番号）を持つ外国人も配布対象となっている。

「この冊子は、戦争が起きたら国民はどう対処すべきかについて具体的に説明しているんです。例えば、冷戦時代に造られた地下シェルターが市内にあるのですが、各自が割り当てられた場所に行かなくてはいけない。どこに逃げればいいのかということですよね」

「国民皆兵の伝統がある国だから、外国人といえど国民番号を持っていたら、それぞれに義務が与えられるんです。私は料理が得意だから後方での炊き出し係ですね。でも、ウクライナ侵攻が起きてからは、対戦車ロケットの撃ち方を習いに行きたいと思うようになりました。そういう心理にさせられるんですね。国の危機管理局にも問い合わせがたくさんいっているようです。核戦争が起きたらどうしたらいいのかと」

事ある度にプーチンがちらつかせる核の脅威。フィンランドを隔ててロシアと対峙するスウェーデンは、冷戦以来となる核戦争の恐怖におびえているのだ。

NATO軍艦　ストックホルムに次々入港

ストックホルム市内にあるフリーハムネン港。私用でたまたま訪れた金子を驚かせたのは、埠頭に横付けされている巨大な灰色の軍艦の姿だった。それも3隻。

それぞれの艦尾にはオランダ、ドイツ、カナダの海軍旗が翻っていた。ロシアによるウクライナ侵攻から2か月が過ぎた2022年4月末のことだ。この光景を見て、金子はスウェーデンがNATOという軍事同盟に加わることの意味についてあらためて気付かされたという。

「フリーハムネンはストックホルム中心部から車で10分くらいのところにある港で、倉庫が建ち並ぶような場所です。本当に偶然でした。見たら、巨大な軍艦が停泊してるじゃないですか。それもNATO軍の特徴的なマークを付けて。給油車が来ていたから補給の最中だったんでしょうね。海が好きなのでフリーハムネン港には時々出かけていたのですが、さすがに初めて見る光景でびっくりしました。それで早速、スマホで写真を撮ったわけです。スウェーデンが臨戦態勢にある現実をひしひし感じましたよ」

撮影／金子葉子

⬆ストックホルムのフリーハムネン港に停泊するオランダのフリゲート艦「デ・ゼーベン・プロビンセン」。ほかにカナダ、ドイツのフリゲート艦も停泊。いずれもNATO軍の所属のマークを付けていた。

➡インタビューは金子さんの青森帰省時に行なわれた。撮影／千葉康之（東奥日報）

●金子葉子　1959年、青森県青森市生まれ。フリーランスの通訳兼翻訳家、料理研究家。弘前大学人文学部英文科卒。研究医である夫の仕事をきっかけに2005年からストックホルム在住。居住許可を持つ外国人に対して与えられるパーソナルナンバー（国民番号）を持つ。2014～2020年までストックホルム日本人会会長を３期務める。世界各地での滞在経験が豊富で英語、仏語、中国語、バヌアツ語、スウェーデン語など多言語に堪能。

金子が撮影した写真を確認してみたら、3隻はいずれもパトロールや偵察などを主任務とする高速のフリゲート艦で、艦名はオランダの「デ・ゼーベン・プロビンセン」(6200トン)、ドイツの「エアフルト」(1840トン)、カナダの「ハリファックス」(5235トン)であることが分かった。すべてが第一線にある戦闘艦である。

NATOの中軸を成すオランダ、ドイツ、カナダの戦闘艦がなぜ、北欧ストックホルムに寄港したのか。その答えはいたって簡単だろう。スウェーデンとフィンランドのNATO加盟申請に対して、「対抗措置を取る」と威嚇するロシアを鋭くけん制していたのである。

フィンランドとロシアの国境は1300キロに及ぶ。だから、スウェーデンとフィンランドの2か国が加盟すれば、ロシアにとってNATO圏と接する国境線は2倍に増えるほか、大西洋への出口を封じられる形になる。

さらにはバルト海もNATOの内海となる。欧州の地政学バランスが大きく変わるわけで、それを恐れるロシアの暴発を防ぐための措置の一つが3艦の寄港といえた。

NATOの盟主である米国は2022年5月、スウェーデンとフィンランドが正式加盟するまでの空白期間の危険性に触れたうえで「(ロシアからの)あらゆる攻撃を抑止するために協力する」「何か起きれば駆けつける」と明言した。

それを裏付けるかのように、NATOは6月に2週間にわたる大規模演習をバルト海で展開し、スウェーデン、フィンランド両軍も参加した。ロシアをにらむスウェーデン領の要衝ゴトランド島では、米軍の上陸訓練さえ行なわれた。もちろん、この演習には金子が目撃した高速フリゲート艦3艦も加わった。

ちなみに、ゴトランド島には2016年に地対空ミサイル部隊が新たに配備され、400人が駐屯する。「バルト海の真ん中にある最大の島、ゴトランドをロシアが欲しがっていることはスウェーデン人なら誰でも知っています」と金子。

「ゴトランドはもともと観光地なんだけど、基地の島にすっかり変わってしまいました。対ロシアの最前線ですね。ロシアの飛び地で、バルト海艦隊司令部が置かれているカリーニングラード州とは300キロしか離れていないんです。ゴトランド島の対岸ともいえるこのカリーニングラードには弾道ミサイルも配備されています。それをスウェーデン国民は恐れているんです」

金子のいう「弾道ミサイル」とは、核弾頭搭載可能な「イスカンデルM」のことである。スウェーデン人にとって、ロシアとの核戦争はすぐそこにある現実的な危機なのだ。

イスカンデルMはロシアの戦術ミサイルシステム。輸送起立発射機（TEL）で運用し、短距離弾道ミサイルと巡航ミサイルの双方を発射できる。いずれも核弾頭搭載が可能で、ロシアは射程について500キロと発表しているものの、それ以上との見方が強い。

2010年以降の配備で、ロシア軍はウクライナ侵攻に際して通常弾頭で使用している。ゴトランド島と対峙するロシア西部の飛び地カリーニングラード州にも配備し、2022年5月には模擬発射訓練を行なったが、NATO加盟を進めるスウェーデン、フィンランドへのけん制とみられる。北朝鮮が2019年に発射した新型短距離弾道ミサイルはイスカンデルMに酷似していることから「北朝鮮版イスカンデル」と呼ばれている。

金子によると、ウクライナ侵攻に伴ってプーチンが戦略核部隊に特別態勢を指示してから、スウェーデン国民の危機感はさらに募り、それは甲状腺被ばくを防ぐとされるヨウ素剤の購入騒動にまでつながったという。

「厚生衛生庁に国民から問い合わせが殺到したんです。もし、ロシアと核戦争が起きたらどうすればいいのかと。それで薬局にヨウ素剤を買いに走る人が続出したというわけです。ロシアがウクライナのザポリージャ原発を攻撃したというニュースが流れたこともあるのでしょう。スウェーデン南部では自治体が直接配布したとも聞きました」

スウェーデンには陸海空の常備軍11万人、予備兵力30万人のほか補助組織として郷土防衛隊2万人が存在する。郷土防衛隊は国防省所属で、金子いわく「ボランティア組織みたいなもの」だという。ウクライナ侵攻後、その志願者が急増し、軍そのものへの志願者も増えた。

「特に、移民して来た人たちの中で増えているように感じます。スウェーデンは移民・難民の受け入れで知られる国ですから。われわれを受け入れてくれた国のために戦いたいと言う。そうすると国民たちもグッとくるわけですよ。ありがとうと。あえてスウェーデン国籍を取る人も増えましたね。スウェーデン人として戦うという意思表示です。日系人もいます」

日本の報道に驚き

金子が一時帰国し、青森県の実家に帰ったのは2022年6月中旬のことだ。7月初めまで滞在することになるが、日々流れる日本のテレビ映像を目にして驚いたのは、ウクライナ報道を巡るスウェーデンとの違いだった。

「日本のテレビがロシア国営放送のニュースをそのまま流しているのには驚きました。スウェーデンも含めてEU（欧州連合）内ではタブーですから。日本は当事国ではないので、ロシアとウクライナ双方に平等であるべき、もしくは中立でという考えに立っているのかもしれませんが……。これでは侵略国であるロシア政府の一方的な見解を『正しい情報』と誤解する視聴者も出るのではないでしょうか」

「もちろん、ロシア政府は日本を含めて西側の情報をカットしているわけで、自分たちに都合のいいディスインフォメーション（偽情報）をプロパガンダとして捏造し、テレビやインターネットで発信しています。そんな国と一線を画したいとスウェーデン国民は強く願っているのでしょう。スウェーデン政府は断言しています。『今われわれが直面しているのは情報戦争なのだ』と」

名うての福祉国家で教育水準の高いスウェーデンでは、紛争に伴う残酷で過激な映像を厳しく規制する傾向にある。ところが、ウクライナ侵攻で一転。ある程度、悲惨な光景もニュースなどで伝えるようになったという。真実を包み隠さず報道することで、ロシアによるウクライナ侵攻の正否を視聴者各自に判断してもらうとの趣旨からだ。

「国境なき記者団」が発表する報道の自由度ランキング（2022年）によると、スウェーデンはノルウェー、デンマークに次いで3位。フィンランドが5位。北欧の報道メディアが独立性と透明性に重きを置いていることがこれで分かる。ちなみに日本は71位でアフリカ、中南米諸国と肩を並べるレベルだ。

ウクライナ侵攻直後の2022年2月末、スウェーデン政府は対戦車ミサイル5000基をウクライナに送るという武器供与計画を明らかにした。軍事非同盟の中立政策を貫いてきた国としては極めて異例の措置で、隣国フィンランドがソ連に侵攻された1939年以来となる歴史的決定だった。

この武器供与について、アンデション首相は「ウクライナの防衛力を支援することが、われわれの安全保障に最も寄与するというのが私の結論だ」と国民に説明した。

ところが、その直後から国会議員らをターゲットにするサイバー攻撃が激しくなり、社会問題化した。金子によると「犯人特定までには至らなかったものの、専門家はロシアのハッカー集団の仕業と分析した」という。ここにも情報戦争の一面が垣間見えるだろう。

ウクライナ情報を巡ってはスウェーデンに多数住むロシア系住民の中でも錯綜する。「SNSなどインターネット情報に長けた若者と、ロシア発の情報をうのみにする親世代との間で対立も起きていると聞きます」と金子。情報格差の問題である。

「ストックホルムのロシア大使館前では激しく抗議デモをしている若者たちを見ました。ロシアからの留学生や移民たちです。彼らとは対照的に、長年スウェーデンに住んでいてもロシア国営放送しか見ない、聴かないという移民者も高齢者を中心にいます。プーチンの言葉をそのまま信じているわけですよね。テレビには『ロシア系というだけで悪いやつと思われてつらい』と暗い顔で答える中学生の姿も映し出されていました。そういった複雑な状況ですから、深刻な反目や断絶がロシア系社会内で起きているとも聞きます」

気になるのはスウェーデンから日本という国がどのように見えているのか。

スウェーデンメディアにとってアジアの取材拠点はあくまでも中国・北京なので、日本の情報は不十分なのでは——と勝手に受け止めていたが、そうでもなさそう。ウクライナ侵攻を巡っても好意的なのだという。

「早い段階でNATO諸国と足並みをそろえてロシアを非難し、経済制裁に加わるとともにウクライナ支援を表明したからではないでしょうか。民主国家としての意志を明確にしたことで民度の高い国と捉えられ、評価されているのだと思います。2022年3月には航空自衛隊の輸送機が防弾チョッキなどの支援物資をウクライナに運んだし、避難民も受け入れましたよね。日本、なかなかやるじゃないかと私も拍手していました」

対照的なのは中国への評価。

「スウェーデン国民は一応、中国を世界のスーパーパワーと見ていますが、民度という点では大きな疑問符をつけています。ロシアのウクライナ侵攻時も間接的にロシアを支持していましたよね。国家としての信用度はどうかな？　という感じです。日本は？　信頼感は高いですよ。民主的で同じ価値観を持つ数少ないアジアの国。そんな受け止め方が多数ではないでしょうか」

防衛省防衛研究所　兵頭慎治・政策研究部長に聞く

長きにわたる非同盟中立政策をかなぐり捨て、NATO入りに踏み切ったスウェーデンとフィンランド。加盟申請が認められるのは確実で、

2022年秋以降とみられる（実際には2023年4月にフィンランドが、7月にスウェーデンが加盟した）。NATO拡大阻止のためウクライナ侵攻を始めたロシアにとって予想外の展開で、皮肉な結果となっている。北欧2か国のNATO加盟はロシアにとって何を意味し、どのような影響を与えるのか。ロシアの政治・外交・安全保障問題に詳しい防衛省防衛研究所の兵頭慎治・政策研究部長に聞いた。

――ロシアにとって大きな衝撃でしたか。

「ロシアにとって想定外でしょう。フィンランドとは1300キロにわたって国境を接していますが、結果的にNATO加盟国との国境がさらに長くなろうとしています。ロシアはフィンランド国境への軍事力配備を表明しており、これにはNATOも対抗するでしょう。ロシアは新たな軍事コストを背負うことになります。圧迫感も相当感じているはずです」

「NATO加盟はスウェーデンにとっても相当大きな決断です。非同盟中立という長い間の独自政策をすべて変えていくわけですから。それくらい2か国に与えたウクライナ侵攻の衝撃が大きかったということでしょう」

――北欧2か国はロシアにとってNATOとの緩衝地帯だったということですか？

「その通りです。ロシアには自国を守るための領域である『影響圏』、簡単に言うと、縄張りを確保するという考えがあります。スウェーデン、フィンランドの北欧2か国はロシアにとって影響圏ではありませんが、緩衝地帯のような役割を果たしていたと認識しています。それがなくなって、いきなりNATO圏と接することになるので大変です。スウェーデンにとってもバルト海の要衝ゴトランド島が、ロシア西部の飛び地であるカリーニングラード州と300キロの近距離で対峙することになります。将来的に軍事的緊張が高まる恐れがある地域でしょう」

――ロシアによるクリミア半島強制編入（2014年）を受けて、スウェーデンは2016年にゴトランド島に地対空ミサイル部隊を配備しました。

「そうしたせめぎ合いが、スウェーデンのNATO加盟でさらに激しくなることが想定されます。ロシアはカリーニングラードに短距離弾道ミサイル『イスカンデルM』を配備していますが、核弾頭搭載の有無については明言していません。しかし、核弾頭を配備するかもしれないというニュアンスの発言をしてけん制しています」

――スウェーデン、フィンランドに対してロシアは今後どのような対応をすることが予想されますか。

「ロシアはすでに軍事的対抗策を取ることを表明しており、フィンランドに対してはいち早く電力と天然ガスの供給を止めました。ゴトランド島の目の前にあるカリーニングラードに核弾頭を配備するかもしれないというニュアンスの発言もその一つでしょう。スウェーデンのNATO加盟申請に伴っては、ロシアはトルコに対して（クルド移民問題を理由に）認めるなと圧力をかけました。それが今、目の前で見られる現象です」

第5章 中国・ロシアと対峙する「北の海」

⬆海上要塞とも称される遠征洋上基地「ミゲル・キース」。全長約240m。米海軍も同型艦を３隻しか配備していない。

⬆大湊港（青森県むつ市）に入港する米海軍佐世保基地所属の掃海艇「チーフ」。艦首番号14。

上／米海軍第7艦隊司令部発表資料より。下／熊谷慎吉撮影（東奥日報）

米、切り札を日本海へ　津軽海峡の危機にらむ

２０２２年7月23日の青森県陸奥湾。

むつ市大湊港の沖合約25キロの海域で、機雷戦と掃海の日米合同訓練が行なわれた。

「処分始め」

力強いかけ声とともに、海自横須賀地方隊（神奈川県）所属の掃海艇「ちちじま」（５７０トン）から、水中で識別しやすいように黄色く塗られた遠隔操作式の無人潜水機（ＲＯＶ）Ｓ10が海面へ静かに降ろされる。

探知機に可変深度ソナー、処分具の機能を兼ね備えた世界初の機雷掃討システムで、〝敵〟が敷設した機雷を爆破処理する「掃海作業」の主役を務める。それに合わせるように、やはり横須賀地方隊所属の掃海母艦「ぶんご」（５７００トン）の後甲板から飛び立つ大型ヘリコプター。空中から水中処分員が次々に降下する。無人潜水機と連携作業するためだ。

海自と米海軍から参加した艦艇は15隻、航空機10機、隊員１３００人。2週間ほどの日程を設け、毎年のように行なわれる日米合同訓練だが、「今年はちょっと雰囲気が違った」と海自関係者は口をそろえる。それは２０２１年から激しさを増す中国とロシア海軍の動きである。

特に２０２１年10月18日には中国とロシアの合同艦隊10隻が津軽海峡を日本海から太平洋に

向けて通過し、その後日本列島をぐるりと周回した。翌年6月にも、やはり中国、ロシアの艦艇が連携するかのような動きを見せて再び津軽海峡を通過。いずれも日本と、背後に控える同盟国・米国への威嚇であることは明らかだった。

そんな日米中ロ4か国のせめぎ合いの場である津軽海峡と隣接する陸奥湾で行なわれた日米合同訓練である。

「意識するなと言われても……。それだけ、中国とロシアの合同艦隊の海峡通過は軍事的インパクトが大きかった」と海自関係者のひとりは打ち明ける。

それは米海軍にとっても同じことだ。佐世保基地から訓練に参加した掃海艦「チーフ」（1181トン）は大湊に入港する前、今何かと話題の大型艦と対機雷戦演習「ノーブルバンガード」（5月12～21日）に臨んでいたことでも明らかだろう。

対機雷戦演習ノーブルバンガードが行なわれたのは日本海。「チーフ」の演習相手は「遠征洋上基地（ESB）」と呼ばれる9万トンもの巨艦「ミゲル・キース」だった。

「ミゲル・キース」は洋上プラットホーム的な存在で、言わば浮かぶ補給基地である。米海兵隊の拠点である岩国基地（山口県）への度重なる寄港で社会問題化している艦でもある。この巨艦が日本海で対機雷戦演習を行なうのは初めてのことだった。

これはどういう意味を持っているのか？

多くの軍事専門家は台湾有事の際、中国海軍は対艦ミサイルと合わせて機雷を多用するとみている。米空母機動群を足止めするためだ。そうした事態に対応するため、米海軍が2021年就役させたばかりの海上要塞が「ミゲル・キース」なのだという。対中国の切り札のひとつといえる。

米海軍に詳しい軍事専門家は言う。

「『ミゲル・キース』は対機雷戦のほか、海兵隊の水陸両用作戦など幅広く使える洋上拠点です。米海軍も同型艦を3隻しか配備していない虎の子なのです。それをあえて、この時期に日本海に持って来るということは、日本周辺で活発化する中国とロシア海軍へのけん制という意味があるのでしょう」

こうした一連の動きの引き金ともなった2021年10月の中ロ艦隊の津軽海峡通過。その意味を探ってみる。

陣形組み日本列島周回　狙いは日米の軍事情報

中国とロシアの合同艦隊10隻が津軽海峡を東進し、太平洋に抜けたのは前述のように2021年10月18日のことである。防衛省統合幕僚監部はこの日、その詳細について次のように発表した。

「北海道奥尻島の南西約110㎞の海域において、同海域を東進する中国海軍レンハイ級ミサイル駆逐艦1隻、ルーヤンⅢ級ミサイル駆逐艦1隻、ジャンカイⅡ級フリゲート2隻及びフチ級補給艦1隻並びにロシア海軍ウダロイⅠ級駆逐艦2隻、ステレグシチー級フリゲート2隻及びマルシャル・ネデリン級ミサイル観測支援艦1隻を確認した。その後、これらの艦艇が津軽海峡を東進し、太平洋へ向けて航行したことを確認した」

そして最後にこう続ける。

「中国海軍艦艇とロシア海軍艦艇が同時に津軽海峡を通過することを確認したのは、今回が初めてである」

防衛省の驚きをそのまま表すかのような文面である。

この中国・ロシア合同艦隊に張り付くようにして、監視と情報収集作業に当たったのは海自第2航空群（八戸市）のP3C哨戒機と、第45掃海隊（函館市）の掃海艇「いずしま」「あおしま」（いずれも510トン）だ。

機雷処分用の20ミリ機関砲1門しか持たない小型掃海艇の乗組員の目に、狭い津軽海峡内で堂々と陣形を組んで通り過ぎる中ロ艦隊の威容はどのように映ったのか。発表文と同様に驚きとともに、ある疑問が生じたことは想像に難くない。

なぜ、中国とロシアが一緒に行動しているのか――。

こうした国民の疑問は、両国に対する批判の声となって即時に表れた。

一番分かりやすかったのはインターネット上の交流サイト（ＳＮＳ）だ。中国・ロシア合同艦隊の津軽海峡通過を「日本の軒下を通る失礼な行動」「自宅の庭を凶器を持って歩かれたよう」「あまりに挑発的」と捉え、問題視する意見が殺到したのだ。

このようにエスカレートする国内世論を無視できず、内閣官房副長官も「中ロ海軍艦艇による、わが国周辺での活動を高い関心を持って注視している」と定例記者会見でコメントしなくてはいけないほどの出来事にまで発展した。

そんな日本の声に対して、ロシア国防省は「ロシアと中国の旗を掲げることで、アジア太平洋地域の平和と安定を維持するとともに、両国の海洋経済活動の利益を守るため」の合同訓練であり、合同パトロールだったと強調した。

２０１９年以降　爆撃機も共同飛行

左に掲載した「日本周辺での最近の中ロ両国の活動」という表を見てほしい。

中国とロシアの軍事的な共同歩調が特に目立ち始めたのは２０１９年以降だ。両国の爆撃機が日本海や東シナ海、太平洋で共同飛行を始め、それが２０２１年10月の津軽海峡通過という動きにつながったことが明らかだろう。

さらに2022年6月9日にはロシアのバルザム級情報収集艦（3100トン）が、その1週間後の16日には中国のドンディアオ級情報収集艦（5998トン）とフチ級補給艦（2万5000トン）それぞれ1隻が津軽海峡を東進した。これは中国・ロシアの連携行動とみられ、「情報収集艦」という艦種が示すように、目的は青森県にある軍事施設の情報収集にあったと考えられる。

日本周辺での最近の中ロ両国の活動

2019年7月	中国とロシアの爆撃機が日本海や東シナ海で共同飛行
20年12月	中ロの爆撃機が日本海や東シナ海、太平洋で共同飛行
21年10月	中ロの艦艇計10隻が日本列島を一周 ※全艦が津軽海峡通過
11月	中ロの爆撃機が日本海や東シナ海、太平洋で共同飛行
22年5月	中国海軍の空母「遼寧」が太平洋で艦載戦闘機の発着艦を繰り返す
	中ロの爆撃機が日本海や東シナ海、太平洋で共同飛行
6、7月	中ロの艦艇が相次いで列島一周 ※一部が津軽海峡通過
7月	沖縄県・尖閣諸島周辺の接続水域を中国海軍艦艇が航行。ロシア海軍艦艇も同時間帯に入る

（防衛省による）

繰り返すように、沖縄に次ぐ第2の基地県である青森県には自衛隊、米軍の各種基地が存在する。口絵8ページのイラストを参考にしてほしいが、津軽半島と下北半島にはミサイル防衛用の日米の早期警戒システム（Xバンドレーダー、FPS5ガメラレーダー）が配置され、太平洋岸には海自最北の航空拠点である八戸航空基地と、米軍・空自が共同運用する三沢基地がある。

前述した通り、八戸航空基地にはP3C哨戒機が配備されているほか、2022年10月からは海上保安庁が大型無人航空機MQ9Bシーガーディアンの運用を始める予定だ（第8章であらためて取り上げるが、シーガーディアンについては予定通り運用態勢に入った）。また、三沢基地にはステルス戦闘機F35A、大型無人偵察機RQ4Bグローバルホークという新鋭機が控える。

これらの施設や機体が発する通信情報や電子信号は中国とロシア両国にとって、喉から手が出るほど欲しい軍事情報であることは言うまでもない。自衛隊と米軍の反応態勢を探るのも目的の一つであろう。

加えて、海自の下北海洋観測所と竜飛《たっぴ》警備所。この2か所にはSOSUS（ソーサス）と呼ばれる強力な海洋音響監視システムが敷設され、津軽海峡を航行する水上艦艇はもちろんのこと潜水艦に対して耳をとがらせている。大湊基地には対潜水艦作戦を重視した最新の汎用護衛艦「しらぬい」（5100トン）が配備されて間もない。

中国、ロシアにとって津軽海峡を通過し日本列島を周回するという共同作戦は、両国の結束と連帯をあらためて内外に示す場であるとともに、こうした貴重な軍事情報に接するまたとない機会なのである。

米中心に対中ロ包囲網

　では、その大いなる軍事的デモンストレーションが、なぜ２０２１年10月というタイミングで行なわれたのか？

「米国、英国、豪州による軍事と安全保障協力の枠組みであるＡＵＫＵＳ（オーカス）が結成されたのが、その年の９月だったことを忘れてはいけません」と話すのは気鋭の安全保障研究家、平田久典（49）である。

「その米英豪の枠組みであるＡＵＫＵＳ結成のわずか半年前には、日本、米国、豪州、インドの４か国で構成する戦略的協力枠組み『Ｑｕａｄ（クアッド、日米豪印戦略対話）』の初めての首脳会合が開かれました。Ｑｕａｄ、ＡＵＫＵＳによって米国を中心にした対中国・ロシア包囲網が短期間のうちに形成

⬅中国とロシアの艦艇が相次いで津軽海峡を通過したのは2021年10月。一部の艦艇はそのまま伊豆諸島、高知県沖から大隅海峡を経て、東シナ海に抜けた。

されたのです。それに対する中国とロシアの対抗措置が津軽海峡通過を伴う日本列島周回だったと見ることができるでしょう。いわば政治的なメッセージです。特に中国にその意志が強かったと考えられます」

ＡＵＫＵＳ発表直前の２０２１年９月上旬には、最新鋭空母「クイーン・エリザベス」（４万５０００トン）を旗艦とする英機動群が米海軍横須賀基地に初めて寄港。海自や米国、カナダ海軍との間で共同訓練を行ない「自由で開かれたインド太平洋」をアピールしていた。

さらに2か月後の11月にはドイツのフリゲート艦「バイエルン」（４９００トン）が東京に寄港したほか、その7か月前にベンガル湾で行われたＱｕａｄ４か国による海上共同訓練「ラ・ペルーズ21」にはフランス海軍から強襲揚陸艦「トネル」（１万６５００トン）とフリゲート艦が参加していた。

いずれも参加各国が仮想敵国に位置付けているのは南シナ海、東シナ海で海洋進出を図るとともに軍備増強を続ける中国であり、その同盟国のロシアである。

これらの動きが意味するものとは？　明白だろう。ＡＵＫＵＳを軸に据えた日本、米国、英国、豪州、ドイツ、フランス、カナダによる「中ロ封じ込め戦略」である。そしてその拠点になるのが日本列島というわけだ。主要国首脳会議Ｇ７のうちイタリアを除くすべての国が参加している事実にただ驚かざるを得ない。

こうした緊張した状況について、米国の著名な軍事ジャーナリスト、マイケル・ファベイは自著の中で「米中は現在、西太平洋で戦争状態にある」と象徴的に表現する。

「もちろん、それは熱い戦争ではない。（中略）それは、ごく小さな島々と広大な海、そしてその上空をめぐる戦争である。危険な対立と小さなエスカレーションが続く温かな戦争である。軍事的覇権と、それによって当然得られる外交的・経済的影響をめぐる戦争である。数十年間誰にも邪魔されることなく太平洋を自由に航行してきたアメリカ海軍と、驚異的な急成長を遂げた中国海軍との戦争である。（中略）この温かい戦争を通じて中国は、世界一経済活動が活発な海域の領有権と軍事的支配権を手中に収めようとしている」（『21世紀の太平洋戦争　米中海戦はもう始まっている』文藝春秋）

冷戦状態をとっくにすでに通り過ぎてしまったと言うのだ。平田は語る。

「こうした包囲網の構築を中国は深刻な脅威と受け止めています。だからこそ、合同艦隊という形でロシアとの友好関係を誇示したいと考えたのではないでしょうか。それだけ、中国が海軍力に自信をつけてきたという証しでもあります。ただし、中国とロシアの連携は利害重視の打算的なものです。その裏付けの一つとして、津軽海峡を通過するに当たって、お互いに虎の子の原子力潜水艦を同行させなかったことが挙げられます。最高機密である原潜の情報をお互いに見せたくなかったということです。中国・ロシアはその程度の関係にすぎないと言うことができるでしょう」

平田は大手国際情報誌の編集者を経て米英で研究生活に入った国際派である。北京大学で博士号を取得。新型コロナ流行によって日本帰国を余儀なくされたものの、中国滞在は10年間の長きにわたる。習近平政権を2012年の誕生から現在に至るまで、現地でウオッチし続けてきた中国現代政治のエキスパートのひとりなのだ。

打算的な疑似的同盟

平田が指摘するように、中ロ関係については「敵の敵は味方という論理で結びついた打算的な関係」という見方が専門家の間で支配的だ。ロシア問題に詳しい防衛省防衛研究所の兵頭慎治・政策研究部長らは「疑似的同盟」と端的に表現する。

また、元海自幹部で軍事研究家の文谷数重《もんたにすうちょう》は「米国が主導するNATOやAUKUSといった西側の同盟に対抗するためにつながった、その場限りのかりそめの同盟」とし、次のように続ける。

「もともと、中国とロシアには長い国境線があり、国境紛争を抱えるなど問題のある国同士です。現在の関係も損得ずくの一時的なものと考えられます。同床異夢です。防衛省もそう見ているでしょう。中ロ艦隊の津軽海峡通過についても、本当のところはそれほどの脅威と受け止めていないのではないでしょうか」

「なぜかといえば津軽海峡は狭いし、空自三沢基地と海自の八戸、大湊基地の完全な制空権下、制海権下にあります。機雷で封鎖しようと思ったらすぐにできます。しかし、防衛省は中国とロシアの軍事的脅威をことさら強調することで、地対艦ミサイルや戦闘機など防衛予算の増額に結びつけることができます。防衛予算を2倍にしようという政府の思惑の中でじつに都合のいい出来事なのです」


中ロ関係について「相互防衛義務を含まない『協商』として発展していくと見た方がいいだろう」とするのは、ロシアの軍事・安全保障を専門とする東京大学先端科学技術研究センターの小泉悠専任講師。ロシアのウクライナ侵攻を機に売れっ子になった感のある小泉は言う。

「米国との対立を深める中露が、軍事面での協力を強化するのはある意味で当然ともいえるが、一枚岩の軍事同盟になることもまた考えにくい。ロシアが米国と対峙している正面が主として欧州と中東であるのに対し、中国のそれは台湾海峡から南シナ海を経て西太平洋及びインド洋へと至る領域であり、両者の地理的な関心領域はほとんど重なるところがないためである」(『現代ロシアの軍事戦略』ちくま新書)

そんな中で2022年9月上旬、ロシア軍の戦略的軍事演習「ボストーク(東方)2022」がオホーツク海や日本海を中心に大々的に実施され、中国からミサイル駆逐艦、フリゲート艦、補給艦それぞれ1隻が参加した。北海道神威《かむい》岬沖でロシア艦とともに射撃訓練を行ったのを、海自八戸のP3C哨戒機と大湊の護衛艦「ゆうだち」（4550トン）などが確認した。

中国とロシアは2005年以降、上海協力機構の枠組みで定期演習を重ねてきたが、「ボストーク」のような軍管区レベルの大演習に中国軍が加わるようになったのはわずか5年前の2018年からだ。

そして、ボストーク2022の演習海域は日本の排他的経済水域（EEZ）外とはいえ、津軽海峡の北西約300キロの近距離だった。津軽海峡は今後どうなるのか？　何よりロシアとの関係をバネに日本海に急速に進出し始めた中国は脅威ではないのか？

平田は中国の動きを予測したうえでこう警告する。

「中国の戦略は一貫しています。日本と米国をいかに離間させるかということです。海軍艦艇による津軽海峡の通過事例は今後ますます一般的になることでしょう。常態化するといってもいい。それによって『米国は本当に日本を守ってくれるのか』と揺さぶりをかけたいし、日米同盟の結束を緩めたいのです。また津軽海峡通過を繰り返すことで、日本人に当たり前の行動と認識させ、受け入れさせようとも画策しています。現状変更です。これはまさしく尖閣諸島で継続的にやっていることと同じです」

津軽海峡波高しである。

第6章

ロシアの日米威嚇と「縄張り」

⬆2022年9月、日本海で射撃訓練を行なうロシア海軍のフリゲート艦（防衛省統合幕僚監部提供）。

⬆ロシア軍が北方領土の択捉島で展示した最新地対艦ミサイル「バスチオン」（2021年8月）。 ©共同通信

「影響圏」牙むくロシア　日本海北部で威嚇演習

北海道神威岬の西190キロの日本海。ステレグシチー級（1850トン）と呼ばれるロシア海軍のフリゲート艦が海面に向けて激しく射撃訓練を行なう。空中高く舞い上がる水煙。一連の状況から見て、水中の機雷破壊を想定した訓練だったとみられる。

その光景を海面と上空から張り付くようにして見届けていたのが、海自大湊基地の護衛艦「ゆうだち」（4550トン）と余市防備隊のミサイル艇「くまたか」（200トン）、そして八戸航空基地のP3C哨戒機だ。「情報収集と警戒監視を行なっていた」のだと防衛省は説明する。2022年9月3日午後3時のことである。

「ゆうだち」は2013年1月の「レーダー照射事件」で注目を集めた艦でもある。「ゆうだち」が東シナ海で監視活動を行なっていたところ、中国海軍のフリゲート艦から火器管制レーダーを照射され、それに対して外務省が強く抗議した出来事である。レーダー照射は軍事的に威嚇を意味するから、中国艦への非難が集まった。

2022年9月の射撃訓練の海域は、津軽海峡から直線にして北西へわずか300キロの近距離だった。ロシア軍が9月1日から1週間にわたって、極東全域で繰り広げた戦略的軍事演習「ボストーク2022」の一コマである。

この戦略的軍事演習には主催国ロシアのほか、中国、モンゴルなど14か国の5万人以上が参加した。総兵員数はウクライナ侵攻の影響で前回（2018年）の6分の1規模まで縮小したものの、極東重視の姿勢をあらためて強調した形だった。

演習が佳境を迎えた9月6日には、プーチン大統領自らがウラジオストク北方のセルゲエフスキー演習場を視察し、戦術ミサイルシステム「イスカンデルM」で敵指揮所を破壊する訓練まで行なわれた。また、千島列島のマツワ島では2021年に配備したばかりの最新地対艦ミサイル「バスチオン」の発射も実施された。〝敵艦艇〟の上陸阻止を想定したものだったという。プーチン大統領が姿を現したセルゲエフスキー演習場の位置に注目してほしい。この章冒頭の射撃訓練が行なわれた北海道神威岬沖から西へ600キロほどの距離である。これらの事実が示すものは何なのか。

軍事専門家は「日本と米国への威嚇」と口をそろえたうえで続ける。

「日本海北部からオホーツク海にかけてのエリアはロシアの『影響圏』だから、気をつけろという警告なのでしょう」

影響圏とは分かりやすく言えば〝縄張り〟のことである。第4章で防衛省防衛研究所の兵頭政策研究部長が語ったロシア特有の地政学的感覚のことである。それに対する日本と米国の〝回答〟が、ボストーク2022終了直後の9月9日に青森県西方海域で行われた共同戦術訓練だった。

この日米共同戦術訓練には23機もの戦闘機が参加し、その主力を担ったのが米軍三沢基地のF16戦闘機（15機）である。空自三沢からはレーダー監視を担う北部航空警戒管制団も加わり、ロシアを鋭くけん制した。影響圏を巡る日本、米国、ロシア間の駆け引きが、国民の知らないうちに日本海北部で激しく行なわれていたのだ。

ロシア問題に詳しい兵頭政策研究部長によると、ウクライナ侵攻のきっかけも、この影響圏という考えゆえなのだという。軍事大国ロシアを突き動かす影響圏構想とはいったい何なのか。日本海北部とオホーツク海で何が起きているのか。北の海の「今」について考える。

北にらむ最前線　八戸航空基地

「あっ、船を発見しました。これから識別コースに入ります」

双眼鏡を手にした若いパイロットが言う。

鉛色の海面に白い波頭が広がる宗谷海峡上空150メートル。

海自八戸航空基地（第2航空群）のP3C哨戒機が右側に大きく機体をバンクさせる。大陸から直接吹きつける気流のせいか激しく上下に揺れる。

「ロシアの漁船のようです。貨物船もいますね。ロシア海軍艦艇も日本海からオホーツク海へ、逆にオホーツク海から日本海へ抜けるのに、この宗谷海峡をよく使っています。それを監視するのがわれわれの役目であり、1日1回以上のパトロールを定期的に行っています。北の海を注視し続けているのです」

案内役の飛行隊長（2等海佐）がそう説明する。八戸基地は冷戦時代から一貫してソ連、ロシアの動向をにらみ続けてきた海自最北の航空拠点である。

搭乗機はその後、宗谷海峡からオホーツク海へ抜け、北方四島を左手に見ながら八戸基地へと帰投した。4時間のフライトだった。P3Cの定期警戒監視飛行に同乗取材した2015年のことである。

こうしたロシア軍に対する海自の動向監視は現在、さらに厳しくなっている。防衛省統合幕僚監部が発表する報道資料「ロシア・中国海軍艦艇の動向について」に八戸基地とP3Cの記述が頻繁に登場することでもそれがよく分かる。

この「ロシア・中国海軍艦艇の動向について」を詳しく調べてみたところ、2022年に入ってからの掲載数は計20回（2022年10月末現在）で、確認したロシア艦は延べ93隻に上る。同じ期間の中国艦が8隻だから、圧倒的にロシア艦艇が多いことが明らかだ。

それだけ、海自八戸航空基地はロシアとの関わりが深い、北に向けられた最前線基地ということなのだろう。

「死活的に重要な海域」　新型ミサイルを配備

海自八戸航空基地P3Cの出動回数の増加は、そのままロシア海軍の活発化を示すわけだが、その動きはロシアのウクライナ侵攻後により激しくなったように見受けられる。特に、戦略的軍事演習ボストーク2022が行なわれた9月は顕著で、八戸基地の記載回数は6回に上る。

「軍事的、政治的に日本と米国をけん制する狙いがあったとみられます。ウクライナに戦力を投入していても、極東に軍事力を回す余力があるということをロシアは顕示したかったのでしょう。ロシアの影響圏をあらためて主張したということです」とは軍事専門家の分析だ。

前述のように影響圏とは、国境の外側に広げた一種の縄張り意識のようなものと捉えていい。防衛省防衛研究所の兵頭政策研究部長は「自国の外に縄張りがないと安心できないというロシロシア独自の考え方で、積極的な安全保障観のようにも見えますが、（ロシア革命以降）常に外圧に直面してきたという不安感から生まれた意識で、一種の弱さの裏返しでもあります。この縄張りを維持するためには、実力行使にも踏み切ってしまう。ウクライナ侵攻がまさにそうです」と解説する。

兵頭部長によると、影響圏には地上と洋上のふたつがあり、地上影響圏には中央アジアを含めて旧ソ連諸国が含まれる。その西端がNATOと地続きで接するウクライナだ。一方、洋上影響圏は北極海からオホーツク海にかけての広大な海域で、東端は日本と直接接することになる。

兵頭部長は続ける。

「地球温暖化によって北極海の氷が解け出し、欧州とアジアをダイレクトに結ぶ北極海航路が夏場に出現しようとしています。ロシアにとってはとても大きな話で、そのため最近は洋上影響圏の考えをより強めているようにさえ見えますが、これは日本と大きく関わる部分でもあります」

ロシアは２０２２年７月、重要な国家戦略である「海洋ドクトリン」を７年ぶりに改定し、「海洋大国の地位を維持する」と高らかに宣言した。この中で「死活的に重要な海域」として挙げたのが、資源や航路開発で重視する北極海と、弾道ミサイル（ＳＬＢＭ）搭載の戦略原潜の聖域であるオホーツク海だった。そして、北方領土などクリール諸島を「重要

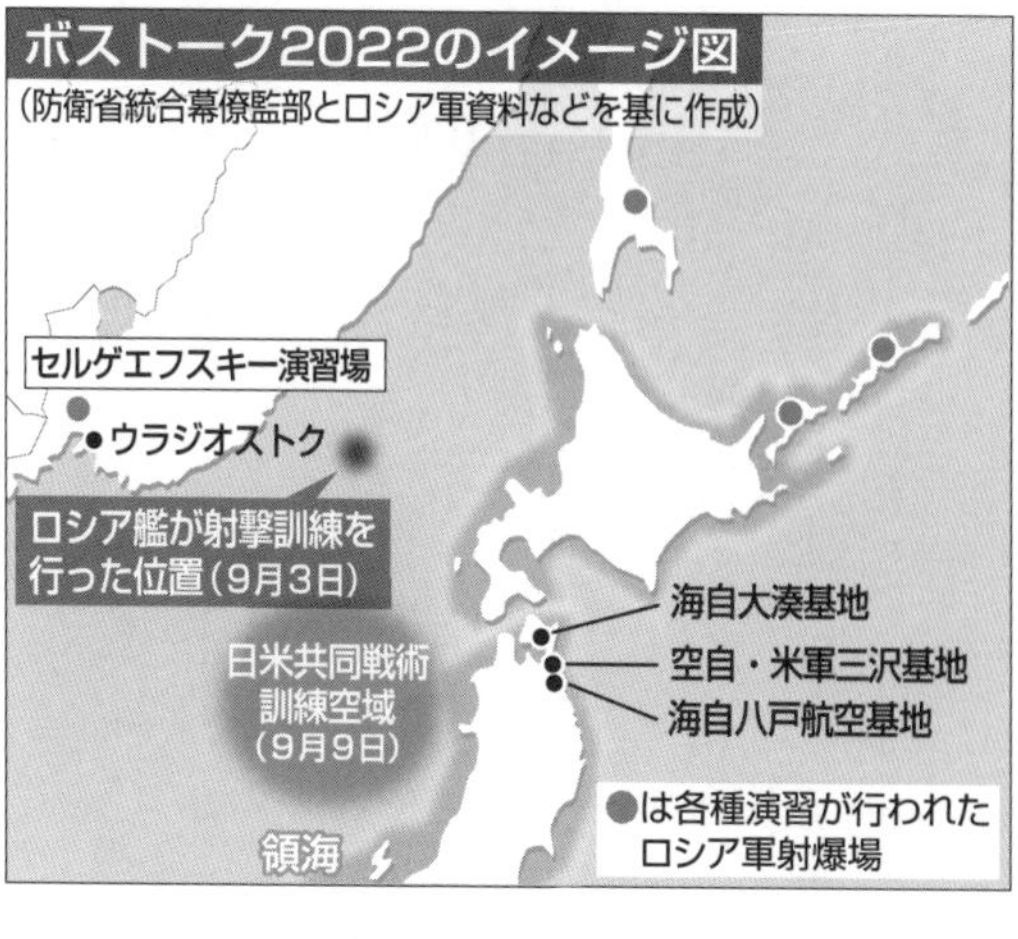

⬅ロシア軍が中心になって4年に1度、極東で実施される軍事演習「ボストーク」。２０２２年は前回より大幅に規模を縮小しながらも、日本と米国への威嚇のために行なわれた。

な海域」と位置付けた。

「海洋ドクトリン」を裏付けるかのように、ロシアはクリール諸島に新型の地対艦ミサイル「バスチオン」と地対空ミサイルシステムS400の配備を積極的に推し進め、ボストーク2022では実弾の発射演習さえ行なった。

さらに10月26日には、「核使用」を想定した大規模演習を行ない、ロシア北西部からカムチャツカ半島にSLBMと大陸間弾道ミサイル（ICBM）を打ち込んだ。こうした一連の軍事行動が意味するものは、「オホーツク海はロシアの縄張りだ」という洋上影響圏の誇示以外の何ものでもない。

ここで思い起こしたいのが、第1章で紹介した中国軍の「接近阻止・領域拒否（A2／AD）」戦略である。優勢な米国の軍事力を自国からなるべく遠い場所で迎え撃つことを基本にした軍事概念だが、近年のロシアでも同じ動きが見られるようになり、特に顕著になったのは2014年の「ウクライナ危機」以降だとされる。

東京大学先端科学技術センター専任講師の小泉悠（ロシア軍事・安全保障）によると、ロシアは黒海やバルト海周辺に海・空軍による強力な防御網を展開し始め、シリア内戦に介入する前後の2015年には、防御網をさらに東地中海にまで拡大したという。これは中国が西太平洋で採用している接近阻止・領域拒否戦略とほぼ同じ考えに基づいているのだという。

小泉は言う。

「欧州正面において西側との軍事的緊張が先鋭化する中、ロシアが西太平洋における中国と同じような戦略を採用することは、一見おかしなことではない。ただ、そこには重要な地理的相違が存在することも見過ごされてはならないだろう。中国が沖縄やグアムといった米軍の前方展開拠点を破壊することで、太平洋を巨大な戦略縦深として活用できるのに対し、ロシアは仮想敵であるＮＡＴＯ（あるいは潜在的なそれとしての中国）と最初から陸続きであることを宿命付けられているからである」（『現代ロシアの軍事戦略』ちくま新書）

大陸国家であることを宿命付けられたロシアという国の「縄張り意識」を考えるうえで興味深い指摘である。

新航路や資源開発　世界注目

１２５ページ以降に掲載したインタビュー記事を見てほしい。近未来的視点から日本とロシアの軍事衝突を描く話題作であり、問題作のコミック『空母いぶき　GREAT GAME』（かわぐちかいじ／小学館）でも、北極海からオホーツク海にかけての海域が焦点となっている。

ロシアの軍事戦略を左右し、ひいては日本の安全保障にも大きな影響を与えるであろう北極海の軍事的意味とは何なのか？

それが知りたくて、ＪＲ山手線の恵比寿駅近くにある海自幹部学校を訪ねた。ここは海自の高級幹部を育てる教育施設で、戦前でいえば海軍大学校に当たる。

戦略研究室教官の石原敬浩2等海佐（62）は安全保障の立場から北極海の重要性にいち早く着目した専門家で慶応大でも教壇に立つ。

石原2佐は言う。

「北極海は冷戦時からＮＡＴＯとソ連が直接対峙する最前線でした。それが地球温暖化によって新航路や資

⬇『空母いぶきGREAT GAME』（小学館）は、地球温暖化による融氷効果で夏季に限って航行できるようになった北極海をめぐる日ロのせめぎ合いなどをいち早く取り上げている（©かわぐちかいじ／小学館）

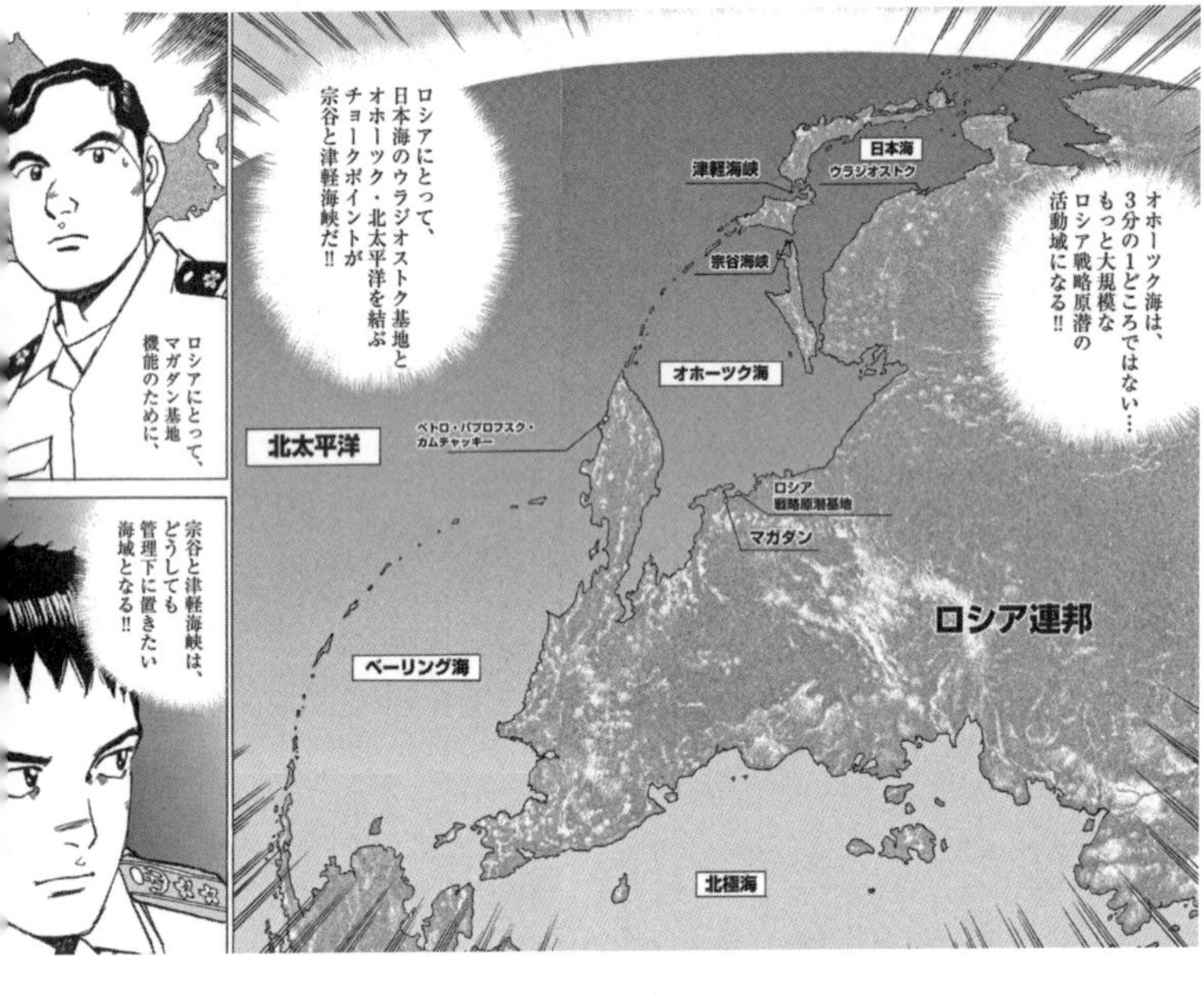
オホーツク海は、3分の1どころではない…もっと大規模なロシア戦略原潜の活動域になる!!
ロシアにとって、日本海のウラジオストク基地とオホーツク・北太平洋を結ぶチョークポイントが宗谷と津軽海峡だ!!
日本海
ウラジオストク
津軽海峡
宗谷海峡
オホーツク海
北太平洋
ロシア 戦略原潜基地
マガダン
ロシア連邦
ベーリング海
北極海
ロシアにとって、マガダン基地機能のために、
宗谷と津軽海峡は、どうしても管理下に置きたい海域となる!!

源開発の可能性が一躍増えたことで、より世界の注目を集めるようになっています。２０３０年代には氷に閉ざされない『Ｉｃｅ Ｆｒｅｅ（アイスフリー）』（海面の氷の占有率が15％以下の状態）な北極海が出現するとも言われています。夏場の数か月は欧州とアジアを最短で結ぶ航路が現れるということです」

北極圏は未発見の石油の13％、天然ガスの30％が眠る資源の宝庫である。また、北極海航路は従来航路より4割短縮できることで輸送コストの大幅削減が見込まれている。

そのため浮上しているのが、北極海を通り欧州とアジアを直接結ぶ航路だ。この航路は１万３０００キロで、スエズ運河を抜ける従来の南回り航路（２万１０００キロ）に比べ８０００キロも短縮できる。しかし、航路の多くが海氷や流氷で覆われる季節が長いため20世紀まで使われることはほとんどなかったが、地球温暖化に伴う融氷効果によって夏季に限って船舶が航行できるようになった。

開通期間は年によって異なるが、２０２０年には88日間と過去最長を記録した。ロシア北極圏のヤマルプラントからアジアへ液化天然ガス（ＬＮＧ）の輸出が始まったこともあり、この年に運ばれた総貨物量は３３００万トンに上る。南回り航路に対して、輸送コスト面で有利であるほか、海賊など治安面で悩まされることがないのもメリットとされている。

北極海にはロシア、ノルウェー、デンマーク、カナダ、米国の5か国が面しているが、ロシアを除くすべてがＮＡＴＯ加盟国であり、冷戦時から一貫して軍事的緊張関係が存在する戦略的要衝でもある。

これら北極海に面する５か国のうち、その戦略的重要性にいち早く気付いていたのが米国だ。原潜「ノーチラス」が１９５８年に氷上下の北極点に達してから、60年以上にわたり継続して北極海を巡回し、氷の厚さのデータを取り続けている。

なぜ氷の厚さのデータが必要なのか？　ソ連（ロシア）との間で核戦争が勃発した際には戦略原潜が氷を割って浮上し、ロシアの至近距離から核弾道ミサイル（ＳＬＢＭ）を撃ち込む必要があるからだ。原潜が割って浮上できる氷の厚さの限界は１メートル。そのため、氷の厚さを測ることができる特別なレーダーを装備した原潜が定期的に北極海を航行しているというわけだ。

その貴重な海洋データに着目したのが、気候変動に関する活動でノーベル平和賞（２００７年）を受賞した元米副大統領のアル・ゴアである。長い交渉の末、米海軍から情報開示されたデータを目にしたゴアは「北極海の氷が急速に解けている事実」に驚きを隠さず、次のように告発する。

「海軍は長年、このデータを機密情報扱いとしていた。私の説得を受け入れてこの記録を開示した時、その記録データは息をのむような状況を示していた。１９７０年代以降、北極の氷冠

（夏にも解けることがない厚い氷の塊のこと）の面積も厚さもすごい勢いで減少している。私たちがこれまで通りのやり方を変えないなら、毎年夏には北極の氷冠はまったく消えてしまうことになるという研究もある」（『不都合な真実』実業之日本社文庫）

1970年代から融氷が急速に進み、北極海航路の可能性が出始めていたということだろう。こうした地球温暖化によって出現した北極海航路に並々ならぬ意欲を見せているのが中国で、「氷上シルクロード構想」を2018年に打ち出し、巨大経済を支えるシーレーンの一部に組み入れようとしている。

石原2佐は続ける。

「中国は海洋権益の拡大を目指しているとみられ、将来的には北極圏に軍事基地を建設する可能性を指摘する専門家さえいます。当然、ロシアも警戒しているし、米国の前国務長官も『新たな南シナ海にしてはいけない』と強くけん制しています。北極海航路を使えるようになれば、その通り道としてあらためて注目されるのがオホーツク海にほかなりません。この北の海に新たな戦略的価値が生まれるのです。ロシアは自らの影響圏として、これまで以上に重視するようになるのではないでしょうか」

北極海航路の延長線上にあるのは、日本とロシアとの間に横たわる宗谷海峡と津軽海峡。「商業的にも軍事的にも日本の将来にも大きく関わる問題なのです」

石原2佐の言葉がいつまでも耳に残った。

ちなみに、この最終原稿を書いていた2023年6月、地球温暖化に伴う北極海の融氷について大きなニュースが飛び込んできた。韓国の浦項《ポハン》工科大学などがつくる国際研究チームが「北極海での氷融解が従来予測より加速しており、夏季の海氷が2030年代にも消失する」と発表したのだ。

国連の気候変動に関する政府間パネル（IPCC）の最新予測は「夏の海氷は2050年までに消滅する可能性が高い」との見方をしていたが、それをはるかに上回るスピードで北極海の融氷が進んでいる事実を物語っている。

国際研究チームはIPCCが使っている気候変動予測モデルに、人工衛星による過去の海氷観測データを加味することで、より正確に予測できるようにしたという。この成果は英国科学誌『ネイチャーコミュニケーションズ』に掲載された。

北極海が海氷に覆われなくなると、地球自体が熱を吸収しやすくなって温暖化がさらに進むほか、人間の生活や生態系に被害が生じると懸念される。「温室効果ガスの排出が北極に深刻な影響を与えている」と国際研究チームは警告する。

この発表の半年前の2022年11月には、日本の国立研究開発法人、海洋研究開発機構（JAMSTEC、神奈川県横須賀市）が大きさ5ミリ以下の微小プラスチックゴミ、いわゆる「マイクロプラスチック」が太平洋から北極海に年間約180億個流入しているとの推定を明らかにした。これは重量換算で420トンに達するという。

研究チームリーダーの池上隆仁・副主任研究員は「(マイクロプラスチックは)一度流れ込むと回収は不可能。プラスチックゴミを減らさなければ、北極海を汚し続けることになる」と話す。

北極海は、温暖化に続いてゴミという人間が生み出した環境問題をシビアに抱えている事実にあらためて驚かされる。

かわぐちかいじさんインタビュー
オホーツク海の現実理解を　日本独自の立ち位置見えれば

近未来の20YX年、海自大湊基地所属の護衛艦「しらぬい」が北極海へ調査研究で派遣される。そこで見たものは……。そんな衝撃的な出だしで始まるのが、『ビッグコミック』(小学館)

⬇『空母いぶき GREAT GAME』は現在10巻まで刊行されている(写真は取材時)。

で連載中の人気漫画『空母いぶき　GREAT GAME』である。

ここで描かれているのは温暖化が進む北極海とベーリング海、さらにはオホーツク海を巡って激しく主導権争いを繰り広げるロシア、米国、そして日本の姿だ。「フィクションでありながらあまりに現実的」と軍事専門家から高い評価を受けるこの話題作が訴えたいこととは何なのか。作者のかわぐちかいじ（74）に聞いた。

——中国とロシアの合同艦隊が2021年10月、津軽海峡を通過するなど北の海が緊張に包まれています。かわぐちさんが描く仮想世界に現実が追いつこうとしているようにも見えます。

「『空母いぶき　GREAT GAME』のベースにあるのは現在、世界的な問題となっている気候変動です。気温上昇によって氷が解け出すことで、北極海を少しずつ船が通れるようになり、商業的にも軍事的にも『使える海』になろうとしている。それはロシアが氷海に隠蔽してきたものが白日の下にさらされることを意味し、核弾道ミサイル搭載の戦略原潜などの戦力をオホーツク海にシフトすることになります。結果的に、オホーツク海の戦略基地化が今まで以上に本格化し、ロシアはより聖域化しようとする。そんな対立構図の中で日本は、自衛隊はどうするのだろう——という近未来的発想をポイントにして取り組んでいます」

——『空母いぶき　GREAT GAME』の連載開始は2019年12月。その2年後にはロシアによるウクライナ侵攻が始まり、ロシアの脅威が日本でも広く語られるようになりました。

「まさか、ロシアが実際に軍事行動を起こすとは予想もしていませんでした。ウクライナ侵攻が始まってからの半年は作者として本当に悩みました。ウクライナの悲惨な地上戦の映像を見ていると、戦いの絵を描きたくなくなるんです。作品中にはロシア特殊部隊と陸上自衛隊の北海道宗谷岬での戦闘シーンもありましたし。でも、それを意図的に回避すると偽りの作品になってしまう。それでは逆に読者に失礼だと思い描き続けました」

――描くことでロシアとの距離の近さを再認識されたとも聞きます。

「日本国民の多くも、それまでロシアという国に対して関心が低かったと思います。私は西日本（広島県）の出身なので、遠い国の話みたいな感じがしていました。ところが、企画を進めるうちにあらためて気付かされたのは、地理的にロシアは日本と極めて近いということ。オホーツク海なんて本当に近い。宗谷海峡で隔てたサハリンもそう。描いていてひしひし感じました」

――だからこそ、フィクションとはいえ説得力を持ちます。特に、軍事的にリアルな状況設定は迫力があります。

「北方四島を含めてオホーツク海の現実、その北に連なるベーリング海、さらには北極海の地政学的な意味をもっと日本人に理解し、意識してほしいなと思います。何より、ロシアという国の存在をきちんと意識しなくてはいけない。注意を払わず無関心のままだったら、ロシアの思うままに許してしまうことになるのではないでしょうか」

――ロシアには影響圏という独自の考えがあり、その西端がウクライナで、東端がオホーツク海と位置付けられています。

「オホーツク海を自分たちのテリトリーだとロシアは認識しています。だから、軍事的にオホーツク海を聖域化しようとするし、そこを日本や米国にウロウロされたくないとも考えています。オホーツク海に戦略原潜の基地を造れば、その出入り口である宗谷、津軽の2海峡をどうしても押さえておきたいと思うようになるわけですよ。ロシアにとって大切なチョークポイント（戦略的要衝）ということです。その現実を作品の中で強調したかったし、国民もそれを知ったうえで十分議論した方がいいと思うんです」

――「空母いぶき GREAT GAME」など一連の作品で問題提起しているのは日米同盟を含めた「日本のあるべき姿」です。こうした作品を通して訴えたいことは何でしょう？

「今の作品はロシアと日本のせめぎ合いを描いていますが、もちろん同盟国である米国との関係も重要です。ロシアの圧力に対抗するためには米国の力が必要です。でも、単に米国の軍事力頼みではない、そして日本の軍事力だけでもない違う新たな方法がないか、世界の政治・軍事の中で日本独自の立ち位置みたいなものが見えてこないか、そんな思いで描いています。そこがこの作品の最終的な落としどころなんですけど。それは核の傘も含めて、米国の軍事力の中で安穏としているだけでいいのか―という私からの問いかけでもあります。ロシアとせめぎ合いながらその道筋を探る物語にしたいし、最後の方で示せたらいいなと考えています」

――地球温暖化によって北極海航路の存在が現実性を増しています。ロシアの戦略的パートナーである中国も氷上シルクロード建設を提案するなど商業的、軍事的に北極海に強い関心を示していま

す。

「北極圏には石油や天然ガスなど豊富なエネルギーが眠っていると言われています。中国はそれに関心を示しているのでしょう。将来的に中国は、ウクライナ侵攻によって需要が低下したロシアの石油や天然ガスを買いたたくことが予想されます。それに対して、経済が逼迫しているロシアは文句を言えないでしょう。相当気をつけてかからないと、ロシアは中国の影響力下に置かれるようになるのではないでしょうか。世界中が心配していることだと思います」

←「作品を通して日本独自の立ち位置を追究している」と語るかわぐちさん。（東京都小金井市のかわぐちプロダクションで）。

●かわぐち・かいじ

1948年、広島県尾道市生まれ。東京都小金井市在住。明治大学文学部在学中の1969年に漫画家デビュー。軍事や歴史などに題材を取った骨太かつ壮大な物語で人気を集める。中でも、正確なデータに裏打ちされた軍事関係の作品で高い評価を受け、講談社漫画賞を３度、小学館漫画賞を２度受賞。2006年には文化庁メディア芸術祭マンガ部門大賞を受賞している。

近未来世界をテーマにした『空母いぶき』は2014年にビッグコミックでスタート。2019年まで連載した第１シリーズでは南西諸島を巡る日本と中国の戦いに焦点を当てた。引き続き2019年に始めた第２シリーズ『空母いぶき GREAT GAME』は舞台を北方に一転させ、北極海、オホーツク海、日本海北部での日本、米国、ロシア３国の駆け引きを描く。

「空母いぶき」は2019年に西島秀俊さん、佐々木蔵之介さん主演で実写映画化。単行本（計23巻）は２つのシリーズ累計で800万部を超えるヒット作となっている。

 撮影／本間善幸（東奥日報）

第7章

北朝鮮ミサイルが狙う標的

⬆⬅2022年10月4日、北朝鮮が弾道ミサイルを発射した。全国瞬時警報システム（Jアラート）の警報が鳴り響き、飛行コース下の青森県内では登校中の小学生が建物の陰に隠れた。その様子を撮影した東奥日報・都築理記者の写真が世界に配信され、各国の紙面を飾った――。

北の「挑戦」世界震撼

米国防総省がベトナム戦争の実態について秘密裏に調査分析した機密文書「ペンタゴン・ペーパーズ」のスクープをはじめとした数々の業績で知られる米紙『ニューヨーク・タイムズ』。米国を代表するこの日刊紙の2022年10月5日付国際面トップを青森県の代表紙である東奥日報の写真が飾った。

東奥日報が加盟する共同通信、さらにはAP通信を経由する形で配信された。前日の北朝鮮弾道ミサイル発射を受けて基地の街・三沢で建物の陰に身を寄せる通学児童の姿が捉えられている。撮影したのは三沢支局の都築理記者。別件で取材中に、発射を告げる全国瞬時警報システム（Jアラート）を耳にし、すかさずシャッターを切ったのだという。

この写真は韓国主要紙や米軍準機関紙『スターズ・アンド・ストライプス』などにも掲載された。世界的スクープ写真だったのだ。2017年以来5年ぶりとなる弾道ミサイルの日本上空通過、いわゆる「列島越え」が世界に与えた衝撃がそれだけ大きかったということだろう。

ちなみに、『ニューヨーク・タイムズ』の記事の見出しは「日本の衝撃と世界が忘れてはいけない北朝鮮の脅威」である。ミサイル発射をウクライナ侵攻とロシアの核の脅威に世界が気を取られている中で強行された「日本と韓国への直接的な挑戦」と表現し、その上で「北朝鮮は世界の脚光を浴びる場所を取り戻そうとしている」と続ける。

北朝鮮のミサイル発射は巡航ミサイルも含め、2022年に入って確認できただけで34回（執筆時の11月20日現在）を数える。弾道ミサイルに絞っても、延べ発射数は65発以上で突出して過去最高なのだ。世界を震撼させる北朝鮮の「挑戦」の目的はどこにあり、なぜ今『ニューヨーク・タイムズ』が言うように「脚光を浴び」ようとしているのか。その背景を探る。

津軽海峡越え　威嚇と駆け引き

北朝鮮が2022年10月4日朝に発射し、日本列島を震撼させた弾道ミサイル。その後の韓国軍などの分析で、実戦配備段階前の中距離弾道ミサイル（IRBM）「火星12」（射程約5000キロ）の改良型とみられることが分かった。

火星12改良型は青森県上空を通過し、日本列島の東約3200キロの排他的経済水域（EEZ）外の太平洋上に落下した。列島越えは2017年9月以来、実に7回目となる。分かりやすいように過去の列島越えのケースを図表化したので口絵10ページを見てほしい。

列島越えの第1号は1998年8月の「テポドン・ショック」だ。この時のテポドン1以降、飛行距離は列島越えの度に順次延び続け、2022年には4600キロにまで達した。

最高高度も約1000キロ。10月5日付の『ニューヨーク・タイムズ』紙によると「北朝鮮が以前に攻撃すると脅した、西太平洋の米領土であるグアム島に到達可能であることを示唆している」のだ。

すでに開発済みとされる核弾頭の搭載が可能で、なおかつ実戦配備前とはいえ、極めて〝実用的〟な中距離弾道ミサイルが、ハワイと並ぶ米国の戦略拠点グアムを核の射程に入れた……その軍事的な意味の重さに、米政府と国民は敏感に反応しているのである。

もちろん、それは日本列島を核の射程内にすっぽり収めたことも意味する。その事実は発射後の浜田靖一防衛相の次の言葉でも明白だろう。

「(北朝鮮は)わが国を射程に収める弾道ミサイルに核兵器を搭載し、攻撃するために必要な小型化、弾道化などをすでに実現しているとみられる」(10月13日)

北朝鮮が核ミサイルで日本を攻撃する能力を持った可能性がある、との日本側の認識をあらためて公に示したのだ。日本と北朝鮮は新たな対立段階に突入したといえる。

5年ぶり日米韓共同訓練　反発と警告のミサイル

再度、口絵10ページの図表に目を通してほしい。注目しなくてはいけないのはそのコースだ。

これまでの列島越え7回のうち、「人工衛星打ち上げ」と北朝鮮が称する2012年、2016年の2回を除いてすべてが津軽海峡上、もしくは津軽海峡近くを通り抜けている。つまりは「東方コース」である。

なぜなのか。

この疑問に対して、多くの軍事専門家は「偶然の一致ではないことは明らかで、北朝鮮なりの政治事情があるのだろう」と口をそろえる。

軍事研究家の文谷数重の見立てはこうだ。

「北朝鮮は、自国の核戦力増強に賛成せず、核実験の自制さえ求めてくる中国の姿勢に不信感を抱いており、「血の同盟」とまで言われた親密な関係も徐々に冷えてきています。かといって、戦略物資調達の観点などから、安易に中国を横断する西方コースを選ぶことはできません。国連安保理で北朝鮮を守ってくれるとともに、さらに協調関係を深めたいと考えるロシアの位置する北方コースに至っては論外。かといって、本気で日本を脅したいと考えるなら、東京、大阪など大都市上空を通る南方コースを取ればいいようなものなのですが、日本はもちろんのこと日本の強力な後ろ盾である米国への刺激があまりにも強すぎて駄目。となると、残されたのは太平洋に向けた東方コースしかないという判断になるのでしょう」

北朝鮮なりに無難なコースを繰り返し選択しているということであり、すなわちそれは、北朝鮮が日米との間でこれ以上軍事的緊張をエスカレートさせるつもりはないという一種の政治的シグナルでもあるというのだ。

さらに、文谷は補足説明する。

「弾道ミサイル発射は米国と直接交渉したいという北朝鮮側のメッセージ、いわゆる政治的ラブコールという側面も考えられます。そもそも津軽海峡の中央部は公海であり、弾道ミサイルが飛ぶ高度500～1000キロは宇宙空間なので日本の領空ではありません。周知のように海峡周辺は都市部ほど人家が密集しているわけではないので、万が一落下しても被害が少なくて済むとまで計算している可能性すらあります。このように北朝鮮は政治的にしたたかな部分を持っているということに注意しなくてはいけません。過剰に反応すればかえって北朝鮮の術中にはまる結果となります」

この東方コース下には、「ターゲットは北朝鮮」と1990年代から豪語してやまない米軍三沢基地のF16戦闘機部隊（第35戦闘航空群）が存在するほか、北朝鮮の弾道ミサイルに常時目を光らせている日米のミサイル防衛早期警戒システム（空自大湊分屯基地のFPS5ガメラレーダー、米陸軍車力《しゃりき》通信所のXバンドレーダー）が置かれているのは偶然などではない。

それは北朝鮮側も十分承知しており、2017年には「在日米軍基地攻撃を担当する部隊による訓練発射」であることをあえて明言している。つまりは、青森県をはじめとして日本国内に濃密に分布する、米軍基地群への鋭い威嚇であるということだ。

「米軍三沢基地のF16戦闘機が、北朝鮮の弾道ミサイル基地や核施設などの主要施設をターゲットに激しい訓練を重ねていることを北朝鮮は嫌と言うほど知っているし、それらをミサイルの目標と位置付けるのは軍事的に当然の成り行きでしょう」とは軍事評論家の前田哲男の分析である。

とりわけ、2022年10月4日の火星12改良型発射には、直前の9月30日まで日本海で大規模に行われていた「米韓軍事演習と日米韓共同訓練への反発」といった意味での政治的メッセージが強く込められていたと軍事専門家らは見ている。日本、米国、韓国の3か国が軍事訓練で顔をそろえるのは2017年以来のことで、じつに5年ぶりの出来事だったからだ。

こうした米韓軍事演習と日米韓共同訓練への反発という見方を裏付ける興味深いデータがある。北京大学のシンクタンクSCSPI（南シナ海戦略的状況調査イニシアチブ）がインターネット上で公開している原子力空母「ロナルド・レーガン」（10万1000トン、横須賀基地所属）を中心とした米海軍機動部隊の航跡図である。

それによると、空母レーガンは9月26～29日にかけて韓国東方の日本海で韓国軍と合同演習を展開した後、30日に仕上げといえる日米韓3か国共同訓練を能登半島の西方海上で行なっていた。北朝鮮が実用化を進めている潜水艦発射弾道ミサイル（SLBM）への対処訓練が主目的だったとされる。

それを終えて横須賀へ帰投しようと津軽海峡にさしかかった10月4日に問題の弾道ミサイル

発射が発生した。5年ぶりの日本列島越えという緊急事態を受けて急きょ、レーガンが朝鮮半島に取って返したことが航跡図から明白だろう。一言で言うと、米空母機動群が北朝鮮に振り回されてしまったのだ。それだけ、北朝鮮は圧倒的打撃力を持つとともに、米シーパワーのシンボルでもある原子力空母に対決姿勢で臨んでいたとも言える。

「敵に強力な軍事的対応の警告を送る目的で行なった」とことさらアピールする北朝鮮メディア。「敵」とは繰り返すように米国、韓国、日本にほかならず、ここにも文谷が指摘する「北朝鮮の政治的ラブコール」、つまりは駆け引きが見て取れる。

重武装化へひた走る日本

はたして、この危険な北朝鮮のラブコールは肝心の米国にまで届いたというのか？

2022年8月まで共同通信ワシントン支局長を務め、現在は外信部編集委員を務める半沢隆実（60）は次のように話す。

「北朝鮮の度重なる弾道ミサイル発射は、在日米軍基地という観点からも極めてインパクトのある問題で、米国自身も何らかの形で対処しなくてはいけないと考えています。しかし、現時点ではどうしていいか分からないというのが実情ではないでしょうか。前トランプ政権時代に金正恩《キムジョンウン》氏と直接会談するという段階に踏み出しながら、何の政治的成果も見い出せなかったという反省も背景にはあります」

弾道ミサイル発射の裏に隠された北朝鮮独特のメンタリティーを理解しなくてはいけないとするのは、『コリア・レポート』編集長で北朝鮮事情に詳しい辺真一《ピョンジンイル》（75）だ。

「残念ながら、多くの日本人は北朝鮮の精神構造をあまり理解していないように見受けられます。そもそも、日本と朝鮮半島ではけんか＝戦いの方法が違うのです。日本人は、けんかという事態に陥っても事前のやりとりや駆け引きを重視し、実際に手を出すところまで発展することは多くありません。ところが、朝鮮半島の人々は『戦えば、おれも死ぬけど、お前も死ぬ』という共倒れの決死の感覚で臨みます。それが今の北朝鮮にことに顕著で、そうした決死の感覚が政治や軍事といった分野にも反映されているとみられます」

では、日本が反撃能力（敵基地攻撃能力）を保有した場合、行使が想定される「対象国」はどこなのか？　北朝鮮なのか？　はたまた中国なのか？

この弾道ミサイルをめぐる大いなる疑問に対して、明確な形で答えたのは公明党の北側一雄副代表だ。北朝鮮の弾道ミサイルが列島越えして3週間以上が過ぎた２０２２年10月27日の日本記者クラブ（東京）で、防衛費増額の財源を巡る会見の中で記者の質問に単刀直入にこう言い放った。

「ミサイル防衛の観点では北朝鮮だ。中国本土への想定は現時点でしていない」

ご存じの通り、公明党は自民党と連立政権を組む。ゆえに北側副代表のコメントはそのまま政府の現時点での考えと受け取ってもいい。

その3日後の民放テレビ番組。敵基地攻撃能力保有の一環として、政府が米国製巡航ミサイル「トマホーク」の購入を検討している事実を問われた自民党の新藤義孝政調会長代行は、購入に対して賛意を表明したうえで「日本に対する（周辺国の）脅威が上回っているなら、それに対処するのは自国防衛のために必要」とした。

さらには、これまでの日本の防衛戦略には敵の射程圏外から攻撃可能な「スタンド・オフ・ミサイル」と、それを運用するための敵基地攻撃能力が欠けていたとも言及した。ここにきて、連立政権を支える自公幹部が異口同音に強調していることは明白だろう。

北朝鮮の弾道ミサイルに対処するには従来のミサイル防衛システムだけでは不十分。トマホークをはじめとした長射程で、なおかつピンポイントの精密攻撃が可能なスタンド・オフ・ミサイルが不可欠なのだと主張しているのだ。

自民党国防族の中には、地上発射型の中距離ミサイルの北海道配備すら主張する〝強硬派〟も存在する。推して知るべしだろう。北朝鮮の相次ぐ弾道ミサイル発射が、専守防衛をモットーとしていた日本を重武装化に向かわせようとしているのである。

反撃能力（敵基地攻撃能力）――青森は最前線に

これまで日米安保の枠組みの中では、米軍が「矛」、自衛隊が「盾」の役割分担をしてきた。しかし、敵基地攻撃能力保有が実現すれば、攻撃を受けた際の対応にとどまらず、強力な攻撃力保持へと大きく踏み出す格好になる。これはすなわち防衛政策の大転換を意味する。

この本の中で繰り返し紹介してきたように、防衛省は島嶼防衛用に配備されている地対艦ミサイルの長射程化に着手しようとしている。その代表例が陸自の12式地対艦誘導弾で、射程距離を従来の200キロから1000〜1500キロ程度に改良し、延伸することでスタンド・オフ能力を手に入れようとしている。

12式地対艦誘導弾改良型の射程距離1000〜1500キロは米国製トマホークの1600キロにはわずかに及ばないものの、南西諸島から上海や大連など中国沿岸部、そして朝鮮半島まで優に狙える国産の長射程ミサイル誕生となる。

トマホーク以外にも政府は外国製巡航ミサイルの導入に前向きだ。例えば、防衛省は2023年度予算案の概算要求で、ノルウェー製の対艦対地巡航ミサイルJSM（射程約500キロ）や米国製空対地ミサイルJASSM（射程約900キロ）の取得費を計上している。

ちなみに、JSMは空自三沢基地で先行配備が進むF35Aへの搭載を前提としている。反撃能力（敵基地攻撃能力）の保有方針が決まったあかつきには、F35配備地である青森県はそのまま「矛」の最前線になる可能性が高いのだ。

北朝鮮と中国の脅威をかけ声に、戦後日本を支えてきた専守防衛という基本方針をかなぐり捨て重武装化へとひた走る日本。この姿は長年にわたって防衛問題に取り組んできた専門家の目にどう映るのか。

軍事評論家の前田は語る。

「反撃能力保有の動きは北朝鮮弾道ミサイルの関係で以前からありましたが、中国の海洋進出やウクライナ戦争を引き金に一気に拡大したイメージがあります。対艦・対地ミサイルを中心とした一種の軍拡といえるわけで、結果的に自衛隊の肥大化を促すことになります。経済が低迷する一方で、前例のない少子高齢化時代が訪れようとしている中、自衛隊員の人員不足という根本的問題をどう解消するのか、何より財源をどうするのか。注意深く見守る必要があるでしょう」

1998年のテポドン　米軍三沢基地狙った「影の首相」青森で証言

1998年8月の列島越え第1号。いわゆる「テポドン・ショック」については秘話がある。北朝鮮に対する当時の日米の認識を端的に示す興味深い内容なので紹介しよう。

「われわれは日本海、太平洋のどちらへ飛べばいいんですか？」

緊急待機状態にあったP3C哨戒機パイロットの声が鋭く響く。

1998年8月31日。海自八戸基地の中にある対潜水艦作戦センターでのやりとりだ。この日、「北朝鮮の弾道ミサイル発射間近」という米軍情報を受けて、P3C哨戒機と搭乗員たちが今か今かと出発を待ちかねていた。

ところが、日本海に落下するものと決め込んでいたミサイルは三沢、八戸という日米の重要基地の上空をかすめて、はるか三陸沖の太平洋上に落下したではないか。北朝鮮の予想外のミサイル技術の高さを見せつけられた格好だった。

初めての列島越え。いわゆる「テポドン・ショック」である。この日から弾道ミサイルを巡る北朝鮮と日本の本格的な闘いは始まったとも言える。

前述のように、北朝鮮が三沢をはじめとした在日米軍基地を主目標にしているのは周知の事実である。それをあらためて裏付けたのは、テポドン・ショックから13年後の2011年8月。テポドンが標的にしていたのは米軍三沢基地――とする青森市での野中証言である。

小渕恵三内閣（1998年7月～99年1月）で官房長官を務め、その辣腕ぶりから「影の首相」と呼ばれた野中広務（2018年に死去）は、テポドン発射直後にコーエン米国防長官が秘密裏に三沢基地入りした事実を、農業関係の集会（青森県土地改良組合連合会の勉強会）で次のように暴露した。

「テポドンはわれわれ（米軍）の三沢基地を狙っていた、とコーエン長官から聞かされました。これほど正確に（弾道ミサイルを）撃つことができるという、北朝鮮の米軍基地に対する行動だったのです」

繰り返すように、米軍三沢基地には北朝鮮を標的にするF16部隊（第35戦闘航空団）が配備されている。米国と北朝鮮が互いに狙い、狙われているという対立構図が野中証言によって浮き彫りにされたのである。

北朝鮮特殊部隊元将校の証言

実は、この野中証言に前後したソウル取材で、私は同じ内容を耳にしていた。

「北朝鮮の弾道ミサイルと特殊部隊が日本国内で最優先目標にしているのは三沢基地です」

北朝鮮から脱北した北朝鮮軍特殊部隊の元中佐、権革《クオン・ヒョク》の言葉だった。

「青森県にある米軍のXバンドレーダー（つがる市）や空自のガメラレーダー（むつ市）も当然、標的となるでしょう。これらの施設は北朝鮮の弾道ミサイルの動きを常時監視しているからです。人間の目と耳に当たるこれらのレーダーサイトをつぶしてしまえば、それ以降の攻撃が楽になりますからね。三沢基地のすぐ北にある核燃料サイクル施設（六ケ所村）や下北半島の原発も100％目標になります。これは軍事上の常識ですよ」

北朝鮮軍のエリート部隊と称され、分厚いベールに包まれている特殊部隊。人民軍の1割に当たる12万人を擁し、世界最大規模のコマンド集団とされるこの特殊部隊が弾道ミサイル部隊とともに主要目標とみなしているのが在日米軍基地にほかならなかった。

権が明かした「日本奇襲計画」によると、朝鮮半島で戦争が起きた際、日本で標的となるのは三沢を筆頭に横田、横須賀、座間、厚木、岩国、佐世保、嘉手納の8か所。それぞれの基地に旧ソ連製の軽輸送機An（アントノフ）2で運ばれた1個大隊（約400人）が落下傘降下または強行着陸し、7～8人が1組になって航空機や管制塔、司令部、燃料タンク、弾薬庫などを急襲し破壊する手はずになっていたという。

これらの決死部隊の攻撃に先立って、前述のようにノドンなどの中距離ミサイルが各種レーダーサイトに飽和攻撃的に撃ち込まれ、さらには爆撃機と戦闘機による片道攻撃も加えられる。

権の証言と私が独自に入手した北朝鮮軍内部資料を総合すると、これら在日米軍基地の攻撃を担当している部隊は総参謀部軽歩兵教導指導局所属の第60、第61（黄海南道《ファンヘナムド》）、第62（黄海北道《ファンヘブクド》）、第32（所在地不明）の4個旅団。海岸部からの攻撃は第4（威鏡南道《ハムギョンナムド》）、第8、第9（黄海南道）、第12（平安北道《ピョンアンプクド》）の海上戦隊が行なう。

特殊部隊による在日米軍基地攻撃の可能性については、以前から軍事専門家の間で取りざたされていたが、権証言であらためて裏付けられた形だった。

権は、日本と韓国内の米軍基地への攻撃要員を訓練する「57軍校」に在籍し、三沢基地を担当する部署にいたという。その後、北朝鮮版KGBと呼ばれる国家安全保衛部に移り、軍や労働党、市民を監視する任務に就いていたが1999年に政治亡命した。

特殊部隊を知りすぎた権が在日米軍基地8か所の中でも「最重要目標」と指摘したのが、三沢、横須賀、嘉手納だった。

「これら3大基地は北朝鮮にとって目の上のたんこぶです。第60、第61、第62、第32の4個旅団には、在日米軍3大基地の攻撃計画を5～10年にわたって研究している兵士たちが集められています。私が関わった三沢基地を例に挙げれば、担当しているのは第62旅団と威鏡南道に配備されている東海艦隊の第4海上戦隊です。これら2つの部隊に空と海から同時に挟撃されたら、三沢は1時間ともたないでしょう。横須賀、嘉手納も推して知るべしです」

取材時に驚いたのは、こうした攻撃計画が現在も進行中で、合計で3000人を超える特殊部隊、何より中距離弾道ミサイル群が今この瞬間も日本海越しににらんでいるという不気味な事実だった。詳しく知りたい方は拙著『在日米軍最前線』（新人物文庫）をお読みいただきたい。

では、それほどまでに北朝鮮が在日米軍基地に固執する理由は何なのか？

権は言う。

「朝鮮半島有事となれば、日本は米軍の出撃と補給の拠点になるじゃないですか。在韓米軍の根元を絶つためには日本の米軍基地をたたかなくてはいけない。在日米軍基地さえつぶせば、第二次朝鮮戦争に勝てると北朝鮮幹部は信じているんです」

『コリア・レポート』編集長の辺真一も同じ見方をする。

「1950年に始まった朝鮮戦争で、北朝鮮は半島統一の寸前まで戦いを優勢に進めていました。ところが、米国主体の国連軍が在日米軍基地を拠点に反撃に移ったことで総崩れになってしまいました。北朝鮮はそれをうらみに思うとともに、大きな教訓にしているのです。米国と戦う際には、後方拠点となる在日米軍基地を絶対つぶさなくてはいけないと。そう決断しているのです」

北朝鮮にとって、ことほどさように朝鮮戦争の傷跡は深いのである。

弾道ミサイル　北朝鮮からの政治メッセージ

北朝鮮が放った7回目の列島越え弾道ミサイルが意味するものとは何なのか。発射の背景に見え隠れする政治的、軍事的理由を軍事研究家の文谷にインタビューした。

――北朝鮮は2022年に入って異例のペースでミサイル発射を繰り返しています。とはいえ「列島越え」そのものは5年ぶりとなりますが、その意図は何でしょう？

「北朝鮮が最も神経を尖らす米韓軍事演習が9月29日まで日本海で行なわれ、30日には日本も加わりました。日本、米国、韓国の共同訓練は2017年以来、5年ぶりのことです。これら3か国による共同訓練は、北朝鮮の潜水艦発射弾道ミサイル（SLBM）に対処することが主目的で、日本海を中心にミサイル発射を繰り返す北朝鮮への圧力でした。こうした動きに反発したというか、対抗せざるを得ないと北朝鮮は考えたのではないでしょうか」

――政治的メッセージの色合いが強いということですか。

「津軽海峡上にコースを取った5年前の中距離弾道ミサイルと、弾道がほぼ同じだという事実に注目しなくてはいけません。これは偶然の一致などではなく、一種の政治的メッセージと受け止められます。ミサイル発射という形で対抗する一方で、これ以上軍事的緊張をエスカレートさせる意図はないという、北朝鮮なりのシグナルだった可能性があります。Jアラートが出されるなど日本国内は一時緊張に包まれましたが、北朝鮮を取り巻く国際環境や思惑などを分析し、考慮した上で冷静に対応することが求められるでしょう」

――度重なるミサイル発射は国民感情を悪化させているほか日本、韓国政府も態度を硬化させています。

「日本政府が20年にわたって北朝鮮の脅威を強調した結果、国民の北朝鮮嫌いは顕著となり、北朝鮮と交渉の余地すらない状況になっています。実際に水面下の交渉チャンネルもなくなり、政府としては自縄自縛の状態です。本当は外交も防衛も中国に集中したいところなのでしょうが、うまくいっていないように見えます」

――今後の北朝鮮情勢はどうでしょう？

「ここで理解しておきたいのは、冷戦期の対ソ脅威論と同じで〝脅威〟をことさら強調することで、利益を得る人々が国内外に存在するということです。韓国の尹《ユン》政権は北朝鮮に対して強硬路線ですが、支持率低下が著しいという状況があります。日本の岸田政権も旧統一教会や安倍元首相の国葬問題などで支持率が急落しています。こういう政治状況では脅威が必要以上に強調されて伝えられることが多々あります。国民の関心を外に向けさせるためにです。また、これを追い風に敵基地攻撃能力保有の議論を一気に進め、関連予算を確保したいと考える勢力もあるでしょう。ウクライナ問題と同じで、過度な情報に振り回されることなく、冷静に注視していきたいところです」

第8章

無人偵察機——中国との攻防

筆者撮影

⬆大型無人航空機MQ9B「シーガーディアン」。グローバルホーク同様無人で長時間運用できるのが強み。

撮影／松田啓志（東奥日報）

⬆空自三沢基地にも配備されている大型無人偵察機RQ4Bグローバルホーク。攻撃能力は持たない。

大型無人機は「基地県アオモリ」に集中

暮れも近づいた2022年12月21日の午前7時近く。3日前に積もった雪が白く光る空自三沢基地に、濃いグレー色に塗られた機体が姿を現した。

全長15メートルの胴体に対して40メートルもの長大な翼を持つ異様な機体は、ターボファンエンジンの放つ鈍い音とともに徐々に高度を上げると、やがて太平洋上に見えなくなった。戦闘機の爆音に慣れた者にとっては静かとも思える離陸だった。

この機体こそが2022年3月、中国、北朝鮮、そしてロシアに対する鋭い〝目〟として配備された米国製の大型無人偵察機RQ4B「グローバルホーク」だった。導入からじつに9か月が過ぎての初飛行だった。

自衛隊として初めて無人機運用に当たる専門部隊「偵察航空隊」（130人）がグローバルホーク2機編成で旗揚げしたのが3月15日のこと。将来的に1機が追加配備され、合計3機で本格運用する予定だが、この日の初飛行は本格運用のための貴重な第一歩と言うことができた。「高高度からの警戒監視」。防衛省はグローバルホーク配備について、そう説明する。

やはり同じ目的を持つ米国製の大型無人航空機MQ9B「シーガーディアン」がその2か月前の10月19日、わずか20キロしか離れていない海自八戸航空基地で運用を始めたばかりだった。

こちらの運用主体は海上保安庁で、シーガーディアンに関心を寄せる海自も試験運用を２０２３年度から始めるのだという。

　こうした一連の動きが意味するものは明らかだろう。基地県アオモリ、中でも太平洋岸の三沢～八戸という地域に大型無人機に特化した世界でも有数の特殊な軍事エリアが誕生したということである。グローバルホークは高高度滞空型、一方、シーガーディアンは中高度滞空型とタイプは微妙に異なるものの、最大飛行時間はともに30時間を超え、日本の排他的経済水域（ＥＥＺ）を一周して戻って来るほどの高い能力を持つ。ＡＩ（人工知能）搭載のロボットゆえに疲れることを知らないのだ。

　グローバルホークとシーガーディアンの相次ぐ実用化は、広大な海空域を舞台にした新冷戦が新たな局面に入った事実を告げる出来事でもある。本州最北端の地に出現した大型無人機の世界を探る。

高度2万メートルから目標キャッチ

　軍事機密という名の厚く高い壁に阻まれた大型無人偵察機の世界。

　迎撃戦闘機や地対空ミサイルが容易に近づくことができない2万メートルもの高高度を楽々と飛びながら、地上にある30センチの大きさの目標まで正確に捉えることができるという、その高い能力と謎を解きたくて埼玉県に向かった。

中でも知りたかったのは、空自三沢基地で2022年12月から鳴り物入りで運用が始まったグローバルホークの実態だった。

急ピッチで配備が進むハイテク戦闘機F35A（約120億円）をさらに超える高額な機体であることはもちろんのこと、中国、北朝鮮、ロシアへの切り札の一つとして導入された虎の子と位置付けられているだけに関心があった。

はたして、新冷戦と言われる時代の中でどのように使われ、どのくらい高性能なのか？　東京のベッドタウンでレトロな街並みから小江戸として知られる川越市。その繁華街で待ち合わせしたのは、軍事研究家の文谷数重《もんたにすうちょう》だった。あいさつもそこそこに、彼が放った言葉には驚かされた。

「グローバルホークは安倍政権時代の2014年に米国から押しつけられるような形で買った高額の装備です。高コストと旧式化を理由に、米軍ですら調達数の縮小さらには退役を決めたほどの機体なんです。飛ばせば飛ばすほどお金はかかるものの、性能といえばいまひとつ。古い型だから、将来的に部品はなくなることが見込まれているし……。要するに大失敗ということですよ」

文谷によると、導入に踏み切った防衛省内には「そんなにコストをかけてまで運用する価値はあるのか」といった疑問の声さえ存在するほどだという。

1機当たり170億円にも達する調達費のほか、わずか2機で年間190億円超（2023年度予算）に達する維持費を危惧しているのだ。

「日米融合」の未来　三沢を軸に構築

空自三沢基地へのグローバルホーク配備が本決まりになったのは2016年のことだ。米空軍が同型機を2014〜2016年にかけて、グアムから三沢に一時期展開させた実績を踏まえたうえでの判断で、「米軍による運用実績があるし北朝鮮に距離的に近い。日米の連携を考えればグローバルホークしかありえない」（防衛省幹部）との理由からだった。

これに対して、当時の種市一正・三沢市長は「従来なかったものが配備される。三沢の基地機能強化につながる」と難色を示したものの、北朝鮮のほか海洋進出と軍備増強を図る中国を理由に、安倍政権に押し切られた経緯がある。

中国が沖縄県・尖閣諸島周辺で動きを強めたのは、日本政府による2012年の国有化がきっかけだった。早くもその年の12月には中国軍の無人機が尖閣周辺を初飛行し、日本の防空識別圏にまで入り込む事態にまで発展したことから、政府内に中国への危機感が広がった。前章で紹介したように、2016年から急増した北朝鮮の弾道ミサイル発射という動きもあった。

ちなみに防衛省統合幕僚監部によると、2022年に南西諸島海域を中心に確認された中国無人機は延べ5機なのに対して、2023年は1月（執筆時）だけですでに2機に上り、その動きはさらに活発化している。

そうした政治、軍事の動きの中で浮上したのが、グローバルホークをはじめとした大型無人機導入論といえる。背景には「同じ無人機を持てばより日米一体化が進み、抑止力強化にもつながる。将来的には米軍と情報も共有できるのではないか」（空自幹部）との思惑もあった。

それでは、そんな鳴り物入りで導入したグローバルホークはどんな機能を持っているのか。

まず挙げられるのが、合成開口レーダーと呼ばれる高解像システムと電子光学・赤外線センサーが生み出す情報収集力である。この章の冒頭のように、2万メートルの高みから10万平方キロの範囲内にある地上目標物を正確に、しかも瞬時に捉え分析することができるのだという。

製造元である米ノースロップ・グラマン社が強調するように、ネットワーク能力に優れているのも大きな特長だ。グローバルホークがリアルタイムで送る偵察情報を基に、海上に展開する艦艇や空中の戦闘機が一体となって攻撃作戦を同時遂行できるということである。

その恩恵を最大に受けると目されているのが、同じ空自三沢基地に配備されているハイテク戦闘機F35である。同機の最大の売りは「ネットワーク能力を駆使したゲームチェンジャー」

（三沢基地幹部）である。

「ゲームチェンジャー」とは、従来の戦力差を覆すほど異次元の戦いができるという意味であり、他の偵察機や早期警戒機、イージス艦などとリンクすることで生の情報を瞬時に共有することができる。そして、それを対空対地攻撃に反映させられるというメリットを持つ。

こうした共同交戦能力が米軍をパートナーと想定しているのは言うまでもない。日米が一体化、融合した未来型の防衛システムが三沢のグローバルホーク、そしてF35Aを軸に構築されようとしているのだ。それが、防衛省が目指す21世紀型の新しい「防衛のカタチ」といえるだろう。

それを裏付けるかのように2022年11月、統合幕僚監部は米軍との間で新たに「日米共同情報分析組織」を発足させた。米軍がこの月から海自鹿屋航空基地（鹿児島県）で一時運用を始めた無人偵察機MQ9リーパーとの情報共有・共同分析を主目的としているが、この枠組に空自三沢基地のグローバルホーク情報が加わるのは当然の成り行きだろう。

現時点で、防衛省はグローバルホークの具体的な運用計画を明らかにしていない。しかし、飛行ルートを推測することはできる。

具体的には空自三沢基地を離陸して西の日本海方面に向かい、北朝鮮周辺を飛行した後に一路南下。懸案の尖閣諸島などをひと回りし、帰投するというプランが浮上していることが容易に想像できる。

ここで気がかりなのは文谷の指摘する高額な維持整備費、いわゆる運用コストだ。さらには能力不足の懸念も。文谷は言う。

「三沢のグローバルホークはブロック30と呼ばれるタイプで、もともとは陸上偵察用に開発された機体です。そもそも海上からの監視には向いておらず、相手領空ぎりぎりまで海上から接近したとしても、あまり内陸部まで見通すことはできないでしょう」

専門家の間では電磁波の妨害に弱いとの指摘もある。前途多難なのだ。

八戸基地が拠点　海保と海自共同運用へ

そんなグローバルホークの初飛行に先立つこと2か月前の2022年10月。海上保安庁が海自八戸航空基地で本格運用を始めたのが大型無人航空機MQ9Bシーガーディアンである。MQ9の名称で想像がつく通り、米軍が海自鹿屋航空基地に一時展開したばかりのMQ9リーパーの派生型で、海洋監視に特化しているのが特徴だ。

どんな機能を持つのか?

そんなメディアの疑問と要望を受けて、海上保安庁が八戸基地で報道公開に踏み切ったのは運用開始から1か月が過ぎた11月17日だった。全国から新聞やテレビ、雑誌などマスコミ関係27社、約50人が殺到し、基地開設以来の出来事となった。安保関連3文書の閣議決定が翌月に迫り、海保と海自の連携強化が声高に叫ばれている中だけに関心を呼んだのだ。

「富士山の上からふもとにある車を識別できます」

太平洋から冷たい東風が吹きつける中、説明に当たる海保職員が強調したのは、やはりグローバルホーク同様の高度な情報収集と分析能力、そして監視海域の広さだった。

海保は、日本を取り巻く排他的経済水域（ＥＥＺ）を90機の有人航空機（パイロット約３００人）で見回っているという。水域は海岸線から２００カイリ（約３７０キロ）に及び、国土面積の10倍以上に達する。

こうした有人飛行機の負担を減らすため導入されたのがシーガーディアンで、１回当たりのフライトが有人機の４倍以上に達する35時間、８０００キロ以上を誇る画期的な機体は危険軽減と経費節減、何より人手不足解消につながると期待されている。１回の飛行で排他的経済水域を優にひと回りして帰投できるからである。「省人・省力化」という国の基本方針とも合致するのである。

シーガーディアンの場合、遠隔操作は海自八戸航空基地の大型格納庫内に設置された地上管制ステーションで行なわれ、操縦者とセンサー機器オペレーターの２人で運用する。問題は海保と海自を合わせると多数に上る全国の航空基地の中から、なぜあえてシーガーディアンの拠点に北辺の地である八戸が選ばれたのか。

その疑問に対して、海保は以下の4点を理由に挙げる。

1　民間機の運航がない
2　整備された滑走路と格納庫がある
3　沿岸に位置するため洋上までの距離が短い
4　津軽海峡が近く太平洋、日本海双方に進出しやすい

おおむねその通りなのだろうが、これらに加えて大きかったのは安全性への配慮ではないだろうか。国内では大型無人機の運用実績はほとんどなく、騒音はもとより墜落事故への不安がつきまとう。

その点、海自八戸航空基地は海岸にほぼ面している（滑走路から500メートル先が太平洋）ほか、滑走路延長線上に住宅地が少ないことから、最も危険な離着陸時の事故軽減を見込める。万が一、墜落という最悪の状態に陥っても、被害を最小限にとどめることができるというわけだ。

海自八戸航空基地の前身は旧陸軍爆撃機の基地ということで、もともと基地に対する地元の

反発が少ないことや、首都圏に新幹線（東京まで2時間半）と高速道路で直結しているという交通の利便性も選定理由に含まれるだろう。不具合が起きても、その日のうちに技術者や部品を調達することができるし、最悪の場合にはそれを一般の民間業者に委託することさえできるからだ。

こうした海保によるシーガーディアン運用の延長線上に浮上しているのが海自との共同運用案である。前海保長官の奥島高広は2022年12月、会見の中で「自衛隊との連携、協力は重要だ」とあらためて強調し、シーガーディアンを海自と共同運用できれば連携が飛躍的に進むとした。中国を主とした警戒監視業務はいやが応でも海自と重なるからである。

また、同じ時期に自衛隊幹部や海保ＯＢが参加したシンポジウム（東京都内）では、海自出身の二川達也・防衛省統合幕僚学校長がこう言い切った。

「（シーガーディアンについては）海自も追いかけてやることになる」

⬅大型無人航空機「シーガーディアン」のオペレーションセンター（海自八戸航空基地）。ジェネラル・アトミクス社の社員が操縦し、海保職員が指示と情報分析を行なう。（筆者撮影）

同一拠点での同一機種の運用が合理的なのは自明の理である。現実的に2023年度以降、シーガーディアンは3機態勢で運用を始め、撮影映像をはじめとしたすべての収集情報を海自とリアルタイムで共有する方向で調整が進んでいる。海保と海自はすでに同一歩調を取っているのである。

海保以上に広い海域をパトロールし、より神経を尖らせなくてはいけない海自にとって、効率的な監視・哨戒能力は当然のごとく魅力的に映る。構造的にもシンプルで稼働率が高く、対費用効果が高いシーガーディアンは第5〜6章で詳しく紹介したように、中国、ロシア海軍の活発化に伴い機材と人員のやりくりに恒常的に悩まされている海自にとって、ある意味で不可欠の存在とさえ言えるのかもしれない。

じつはシーガーディアン導入に先駆け2020年10〜11月に八戸基地で行なわれた海保実証試験の段階で、海自との共同運用の可能性をいち早く見抜いていたのが、海自幹部として八戸航空基地での勤務経験がある文谷数重だった。

文谷は言う。

「シーガーディアンについては、操縦と整備面は製造元のジェネラル・アトミクス社任せで、海保は管理・監督に当たるいわばリース契約です。こうした民間企業を介する共同運用方式は合理的で省力化、コストダウンにもつながるので海自も関心を示しているのだと思います。海保、海自がそれぞれ希望する監視ルートを設定し、それに従ってジェネラル・アトミクス社が運航する。そして海保、海自双方がデータを受け取り共有化するというシステムの方がより効率的だからです」

ジェネラル・アトミクス社は核融合や燃料再処理、空母の磁気カタパルトで知られる軍事メーカー。しかし、これらの分野は性質上、市場規模拡大をあまり見込めず、頼りは米政府の官需となる。だからこそ、企業の命運を懸けて無人機市場に力を注いでいるのであり、大口ユーザーとなる可能性の高い日本はいい取引相手となる。逆に言えば、日本側の提案や要求にも積極的に応じてくれるということであり、海保が運用している機体も「最新型」（海自関係者）だという。

さらに文谷が指摘するのは、地元に及ぼす経済効果である。

「海保と海自が共同運用すれば、基地を抱える八戸への経済的メリットが生まれる可能性も出てきます。整備などの関連産業が誕生し、新たに雇用が生まれるかもしれないのです。自衛官にとって魅力的な再就職先となります」

「青森県は雇用状況が厳しく、大型無人機を置くことができる基地を抱える都道府県の中では最も低いとさえ言えるでしょう。その点では、無人機整備の求職は海自関係者にとって魅力的で、整備のほか操縦や航空補給といった経歴がある隊員にとって第1希望ともなります。受託企業も応募を期待するでしょうし、現業経験者を集めた方が無駄もない。養成の手間も最小限でできます。退官後の就職支援の困難を緩和できる自衛隊にとっても良い話です。自衛官、企業、自衛隊にとって好ましい三方良しの状態です。八戸の土地の余裕からみれば、基地周辺への関連企業の誘致もスムーズに進むでしょうし」

雇用創出と就職支援の先例として、文谷が挙げるのは海自徳島基地（徳島県）の双発中等練習機TC90の例だ。整備委託先の徳島ジャムコでは定年後の自衛官が多数雇用され、しかも人気の再就職先になっているのだという。

「基地と経済」の問題は現代の安全保障問題を語るうえで重要なテーマなので、最終章であらためて語ることにする。

「積極防衛」切り札の無人偵察機

以上のような経緯から、海保に続いて海自は2023年度からシーガーディアンの試験運用に入る予定だ。場所はもちろん八戸航空基地。シーガーディアンが採用されたあかつきには、空自三沢のグローバルホークと併せて、反撃能力（敵基地攻撃能力）に不可欠な情報収集の一端を担うとみられている。

国会での議論なしに密室状態ともいえる状況で2022年末、閣議決定された反撃能力保有の是非はひとまず置いて、専門家の間で疑問視されているのはその有効性だ。

簡単に言うと、北朝鮮と中国のミサイル発射施設をリアルタイムで把握できるのか――というシビアな議論である。

例えば北朝鮮の場合には通常、ミサイルは地下倉庫やシェルターで保管され、発射直前に車両搭載型の移動式ランチャー（TEL）に運ばれる。移動式ランチャーはその名の通り、頻繁に動き回るので事前探知が極めて難しく、海中に潜む潜水艦搭載型も同様である。

もし仮に、移動式ランチャーを発見し位置を特定できたとしても、ミサイルが発射されるまでの短時間でピンポイント攻撃を仕掛け、破壊することはかなり厳しいとみられる。これが反撃能力反対派の論拠の一つともなっている。

こうした状況を受けて米軍は近年、弾道ミサイルそのものではなく、ミサイルに直接指示を与える指揮統制施設や通信ネットワークを攻撃対象に変更した。ミサイルという「矢」ではなく、それを放つ「射手」を狙うという考えだ。これは「積極防衛」と呼ばれる。

ただし、改定された安保関連3文書によると、反撃能力の行使時期、さらには攻撃対象の定義が極めてあいまいだ。軍事分野で大勢となりつつある積極防衛まで踏み切れるかどうか不透明なのだ。

中国、北朝鮮、ロシアが軍事的圧力を強める中、戦後日本を支えてきた「専守防衛」に代わる防衛理念として、この「積極防衛」を支持する軍事専門家が増えてきている。

専門誌などに寄稿する空自OBの尾上定正《おうえさだまさ》（元空将）がその一人である。尾上はグローバルホークが積極防衛の中で「情報・監視・偵察（ISR）能力強化に貢献する」と評価したうえで、次のように問題提起している。

「敵基地攻撃にせよ専守防衛にせよ、これらは、弾道ミサイルの脅威が仮定であった昭和の時代の論議である。令和の時代には現在の戦略環境に適した防衛政策と対処能力、そして『現代化』した同盟関係が求められる。その必要性を認識しながら新たな思考に切り替えられなければ、日本の防衛は危うい。また、敵基地攻撃能力の保有について、防衛軍事の専門家からの様々な反対意見がある。特定の目的を持った反対論は別にして、多くの反対意見は『ではどうするのか』という代案についての言及がない」（『軍事研究　2022年6月号』ジャパン・ミリタリー・レビュー）。

鋭い指摘である。

どのような形で日本を守るのか、そもそも現在の反撃能力は有効なのか。

日本の将来を左右しかねない反撃能力のあり方について今こそ、国民レベルで議論を深めることが求められている。

前提となるのは検討過程の透明化であることは言うまでもない。

⬆三沢基地に着陸する「グローバルホーク」。人工衛星など各種システムとリンクし、偵察情報を航空機、艦船とリアルタイムで共有できる。撮影／松田啓志（東奥日報）

⬇「シーガーディアン」が実証試験段階で撮影した太平洋上の船舶（海上保安庁提供）。

「忍び寄る死神」モニター越しに戦う兵器

ウクライナ侵攻でロシアが苦戦を強いられている。その要因の一つに挙げられているのが情報収集力の差だ。

米軍を中心としたNATO軍は有人、無人の電子偵察機をウクライナ周辺で多数飛行させ、情報収集・警戒監視・偵察（ISR）能力で得たロシア軍の詳細情報を逐一提供している。それがウクライナ軍反撃の源になっているというのだ。

実は、そのISR能力の一端を担っているのが米空軍のグローバルホークであり、シーガーディアンの母体であるMQ9リーパーである。海自鹿屋航空基地に一時配備され始めたリーパーは「非武装」とされるが、もともとは対戦車ミサイルや精密誘導爆弾を装備する武装偵察機だ。

一線に登場し始めたのは2007年からで、その高い攻撃能力と静粛性から「忍び寄る死神」の異名を持つ。

当初、リーパーが主戦場にしたのはアフガニスタンや中東イラクなど中央アジアで、タリバンや過激派組織「イスラム国」（IS）、アルカイダなどの拠点攻撃に多用された。

無人攻撃機というそれまで存在しなかった新たなアイテムだからこそ、映画界でも注目を集め、2000年代後半からはリーパーをはじめとした大型無人機を取り上げる作品が続出している。

その代表格が『ドローン・オブ・ウォー』（米国、2014年）である。名優イーサン・ホークがF16戦闘機からリーパーオペレーターに異動したパイロットの苦悩を演じる。このパイロットは、米本土からアフガン上空のリーパーを遠隔操縦する毎日なのだが、画面越しの戦場と、身の周りの平和な日常との間で、いつしか心を病んでいく。タリバン兵に対してミサイル攻撃を加えても「人間の命を奪った」という自覚がないからだ。いわば倫理観の喪失である。現代の戦場で無人機がどのように使われているかを知るのにうってつけの作品だろう。

モニター越しに見る戦場といえば『アイ・イン・ザ・スカイ』（英国、２０１５年）がある。やはりリーパーが主役で、米英軍によるアフリカ・ケニアでの自爆テロリスト捕獲作戦を描いている。無人機攻撃の問題点である民間人巻き添え被害の可能性を告発しており、各種メディアからも高い評価を得ている。

アルカイダのリーダーで、パキスタンに潜伏していたビンラディン容疑者の殺害をテーマにしたのが『ゼロ・ダーク・サーティ』（米国、２０１２年）である。CIA指揮下にある米軍特殊部隊による極秘作戦だったが、彼らの上空で情報収集と監視役を一手に担っていたのがリーパーだった。

そのほか、リーパーはメキシコと米国間の麻薬問題を告発した『ボーダーライン』（米国、２０１５年）と、その続編である「ボーダーライン ソルジャーズ・デイ」（２０１８年）でも大活躍する。骨太の内容で必見である。

これらの作品以外にも多くの作品があるが、いずれも戦争と平時のはざまのグレーゾーンで多用される無人機の実態に迫っている。関心のある方は見てほしい。

米国映画『ドローン・オブ・ウォー』＝ブロードメディア・スタジオ／ポニーキャニオン配給（日本）

第9章

安保関連3文書と「国防の現在地」

⬆射爆撃場で模擬弾を投下する米軍三沢基地のF16戦闘機。

⬆空自三沢基地に配備されるハイテク戦闘機「F35A」。
反撃能力の要となる巡航ミサイルの搭載が想定されている。

撮影：上／都築理、下／松田啓志（いずれも東奥日報）。

反撃能力、防衛費倍増と対中戦略

軍事研究家・文谷数重インタビュー

防衛費の無駄をまず見直せ

政府は防衛力強化に向けた新たな「国家安全保障戦略」など、安保関連3文書を2022年12月に閣議決定した。焦点となっていた反撃能力（敵基地攻撃能力）の保有を明記したほか、それに伴う国産の長射程ミサイル増産や巡航ミサイル「トマホーク」をはじめとした外国製ミサイル購入などが柱だ。現行憲法の平和主義の下、堅持してきた専守防衛は大きな転換点を迎えた。

併せて、岸田文雄首相は防衛費を国内総生産（GDP）比で2％に倍増させると明言。2023年度から向こう5年間の防衛費を約43兆円に増額するほか、財源については将来的に増税で確保するとしている。

コロナ禍に続く歴史的な円安・物価高で経済が低迷し、国民生活が厳しさを増す中での増税と軍拡は何をもたらすのか。沖縄に次ぐ第2の基地県である青森の将来はどうなるのか。台湾や香港など国内外のメディアで今、注目を集める軍事研究家の文谷数重にインタビューした。

――安保関連3文書の改定によって反撃能力の保有はもちろんのこと、各種対地ミサイルの増産や輸入などで重武装化が一気に進もうとしています。並行して新部隊の編成や改編も進んでいます。率直に聞きます。安保関連3文書の改定によって、北の要衝アオモリの軍事環境に変化はありますか。

「海自最北の拠点である八戸航空基地、そして大湊基地についてはまずはそのままです。あっても八戸航空基地で施設の修理・維持に当たっている機動施設隊（約80人）の整理くらいでしょうか。空自三沢基地も同様です。大型無人偵察機RQ4Bグローバルホークの運用開始に伴って、2022年12月15日に臨時偵察飛行隊を130人規模の偵察飛行隊へと昇格させましたが、だいたいは今のレベルで残るだろうということです」

「問題は青森市に司令部を置く陸自第9師団でしょう。今回の文書では現状維持とありますが、財源論から近い将来に改編の動きが出てくるかもしれません。東北地方には第9と第6（司令部・山形県東根市）というふたつの師団がありますが、ともに師団の半分規模の旅団編成に縮小するか、もしくはひとつの師団に集約する可能性が高いと思います。南西方面重視の対中国シフトを取ろうとしている現状で、東北の陸自は存在理由が低いからです」

――安保関連3文書では最近の中国の軍事動向を「最大の戦略的な挑戦」と位置付け、対抗心を強く押し出しています。その中国対策において陸自は主力ではないということですか。

「そうです。南西諸島や東シナ海での対立構造の中で、陸自は正面戦力となり得ません。広大な海と空が広がる地域では海自と空自戦力を軸に対峙することになるからです。本当に対中国を重視するならば、防衛費増額の前に人員予算の配分をあらためることが必要です。簡単に言えば、陸自予算を減らして、その分を海自と空自へ回すべきです。そもそも、陸自は組織上の無駄が多いということもあります」

——組織的な無駄とは？

「まずは陸自の人員が挙げられます。実数は約14万人で、人手不足の海自、空自に対してそれぞれ3倍に当たります。そのうえで師団と旅団を15個もつくっています。ほぼ同規模のフランス陸軍（12万人）は実質、7個旅団の編成です。陸自は司令部と高級幹部だけが多い、いびつな構造なのです。これを5個師団に改めただけで単純に5000人は浮く計算です」

「部隊数を減らせば、より効率的に新型兵器が行き渡り、装備不完全といった現在の構造的欠陥も解消できます。陸自がそれに手をつけないできたのは組織防衛の一環です。ポストが減ると、その階級への昇進枠も減る。だから、陸自は部隊削減に反対しているのです」

——無駄と言えば、文谷さんは以前から空自三沢基地のRQ4Bグローバルホーク（将来的に3機編成）について指摘しています。グローバルホークは2022年12月に本格運用に向けて飛行を開始しました。2万メートルの高高度から30時間にわたって広範囲をカバーできるのが売りです。その高い偵察能力から、反撃能力で不可欠な情報収集任務の一端を担うとみられていますが……。

「残念ながら、グローバルホークは米国から押しつけられるような形で買ったもので、主な偵察対象は中国、北朝鮮、ロシアですが、能力的にどうなのでしょうか。空自三沢配備機はブロック30と呼ばれるタイプで、もともとは陸上偵察用です。海上監視に向いていません。海上からの偵察では相手領空ぎりぎりまで接近したとしても、内陸部をあまり見通せないということです。それで十分なのでしょうか？」

「グローバルホークの最大の難点は年間190億円超（2023年度）の維持費と、1機当たり170億円という機体調達費です。この高コストと旧式化を理由に、開発した米国自体がブロック30の退役を決めたほどです。そんなことですから『そんなにコストをかけてまで運用する価値はあるのか』という否定的意見が防衛省内にもあるくらいです。飛ばすほど金はかかるが、性能はいまひとつ。古い型だから、そのうちに部品もなくなってしまう。率直に言って、大失敗ということです。高い買い物をしました。中国相手なら、核ミサイル搭載の戦略原潜や空母の根拠地である南部の海南島近くを飛行させて、プレッシャーを与えるということができるのでしょうが……」

――海自八戸航空基地にはP3C哨戒機が配備されていますが、その後継機として調達されている国産新型のP1についても、やはり運用コスト高や機体の不備が伝えられているようですが。

「更新そのものは米国製のP3Cから国産のP1へと進んでいて、残すは八戸基地と沖縄県那覇基地だけとなっています。しかし、哨戒機にとって命ともいえる電子装備やエンジンに不調があるようです。機体そのものにも腐食問題のうわさもあり、P1の半分は動かないとも言われています。海自内でも5年くらい前から『失敗作』扱いです。これらの改修には経費がかかり、そのまま維持経費の高騰につながることになります。確実に動く八戸のP3Cを積極的に残すことになるのではないでしょうか」

――増税という形で防衛費を倍増させる前に、国として、防衛省として整理または見直すべき問題点や不効率なことが多いとの指摘ですね。政府の進め方は、初めにGDP2％の「規模ありき」のように見えます。

「GDP2％は冷戦時代の名残で、NATOの盟主である米国が同盟国にお願いした軍事費の目安であり、努力目標に過ぎません。具体的な根拠はなく、実際には2％に達しない国が大半なのです。これを実現すれば安泰といった意味での数値ではありません。そうした非現実性を与党自身も承知しているはずなのですが」

――それなのになぜ？

「中国や北朝鮮、ロシアに対して、大国ニッポンとして強気で振る舞いたいという国民感情、とりわけ『中国、北朝鮮には負けたくない』という保守支持層の願望を充足させるためなのではないでしょうか。GDP2％については、自民党国防族も本気で実現できると考えていないようにも見受けられます。防衛費縮小論に対抗するための一種の反論と捉えることもできるのではないでしょうか」

――世論調査（共同通信社）によると、防衛力強化のための増税について「支持しない」が64・9％を占めました。財源については自民党内でももめています。

「当然でしょう。消費税率なら2％引き上げに相当するからです。倍増分を賄うには教育や社会保障、エネルギー対策といった将来への投資分を減らさざるを得ません。未来への投資が削られる一方で税負担が増す。不景気とコロナ禍で疲弊した国民には耐えられない内容です。平時において許容できる水準ではありません。本来なら、今は民力を養い蓄えるべき時期です。それなのに、負担を強いれば結果的に国力が低下し、将来的に防衛費そのものさえ支えられなくなります。本末転倒だと思います」

――戦前の軍拡時代をほうふつさせると指摘する識者も多いようですが。

「昭和恐慌の後にも軍部は軍拡を求めました。時の蔵相、高橋是清（1854〜1936年）は国民生活を守るため命を懸けて軍部と渡り合い押し止めましたが、結果的に二・二六事件の犠牲となりました。今の政治家にその気概があるのかどうか。安保関連3文書改定が自滅の道でなければいいのですが。本来、自衛隊は国民とともに歩むべき。国民生活が厳しい時には自衛隊も節約しないといけないのです」

――政府が閣議決定した安保関連3文書で柱となるのが、「抑止力」としての反撃能力（敵基地攻撃能力）の保有です。長射程の対地ミサイルなどで自衛目的に相手領域内を攻撃するという考えです。守りに徹する「専守防衛」を戦後貫いてきたわが国にとって防衛政策の大転換を意味します。

「きっかけは青森県も一時、候補地となった地上配備型迎撃システム『イージス・アショア』計画の失敗にあります。ご存じのように、イージス・アショア計画は防衛省の不手際によって2020

年に撤回しました。当時の安倍晋三首相の『何が抑止力になるかを改めて議論する』の一言で、急きょ代わって浮上したのが反撃能力（敵基地攻撃能力）なのです。それまで非現実的だった敵国領土への攻撃が政府与党の方針として一気に検討課題となったわけです」

――長射程のミサイル打撃力で対応し、２０２３年度から5年間の防衛費43兆円のうち5兆円をこの整備費に充てるとしています。問題は国民への説明が十分ではなく不透明だったことです。世論調査（共同通信社）によると、防衛費増額に伴う岸田文雄首相の説明について87・1％が「不十分だ」と不満の意思を示しています。「憲法改正に等しい内容が短期間のうちに密室で決められた」と疑問視する政治専門家もいます。

「その通りです。国民的な議論抜きで進められたので、反撃能力の実態やリスクについてどこまで国民が理解しているのか疑問です。軍事的観点から言えば、反撃能力の検討はあり得ることだと考えます。ただし今回の3文書は反撃能力の行使時期について『相手からミサイルが発射される際』とし、攻撃対象は『必要最小限度の自衛の措置』と表現するなど極めてあいまいです。要するに、判断は時の政府任せということです。当初、対象国は弾道ミサイルを頻繁に発射する北朝鮮だったのに、いつの間にか中国まで含まれています。対象はもちろん目的も目標も漠然としているのです。二転三転の迷走状態をたどったと言ってもいい」

――なぜ迷走したのですか。

「政治主導、しかも与党主導だから。反撃能力は内容的に従来の憲法解釈や防衛政策と衝突します。

従って、政府や防衛省からは言い出せない。それに代わって、自民党国防族が推進したことが迷走の原因です。政治家なので、その場限りの受け狙いで発言することが多々あります。最大の目的である反撃能力の導入と、それに伴う防衛予算の増額さえ実現できれば……という思惑も見受けられたように感じました。極端な話、対象国は北朝鮮でも中国でも構わないというような考えです。軍事的合理性を気にしないのです」

――GDP比2％の防衛予算は年間約11兆円に上り、米中両国に次いで世界で3番目の水準となります。

「防衛上の実利より保守政治の願望充足が先行した結果――と表現してもいいのかもしれません。敵国領土への攻撃を解禁することで憲法の制約を破る。それによって自身や保守支持層がかねてから抱えていた『普通の国』願望や大国願望を満たす。本質はそういったところにあるのではないでしょうか。だから、費用や負担について

⬆青森市に司令部をおく陸自第9師団の隊員たち（2016年南スーダンPKOに派遣される際に撮影／共同通信）

も無責任です。防衛費をＧＤＰ２％に倍増させれば反撃能力を実現できるのだ、と非現実的な解決法をひたすら披露するのです」

――反撃能力を担保する打撃力として政府は２０２３年度予算に米国製巡航ミサイル「トマホーク」や空対地巡航ミサイルＪＡＳＳＭ、ノルウェー製の対地・対艦ミサイルＪＳＭの取得費を計上しました。射程約５００キロのＪＳＭの費用だけで３４７億円に上り、空自三沢基地で配備が進むハイテク戦闘機Ｆ35Ａへの搭載が想定されています。

「防衛省は、それらを敵の射程圏外から攻撃するという意味で『スタンド・オフ防衛能力』と呼んでいます。これらで何を狙うのか？　現時点では不明確ですが、今後の方向性はおのずと推測できます。その一つが中国の後方域でしょう。日中が直接対峙する東シナ海沿岸部ではなく、日本からなるべく遠い場所を狙う。そこの防空を強いることで日本に向ける軍事力を減らすという考えです」

「具体的には、中国の最重要戦力が配置されている南部の海南島が考えられます。海南島は日本と米国から最も遠い海軍基地です。だから、安全な聖域として核ミサイル搭載の戦略原潜や空母の母港にしています。空自三沢基地のＦ35Ａにとって、さすがに遠いので無理ですが、２０２３年から導入される艦載型のＦ35Ｂ（宮崎県・新田原《にゅうたばる》基地への配備案が浮上）と『いずも』『かが』の空母型護衛艦、そして対地ミサイルの組み合わせで攻撃することが十分可能です」

――「抑止」とは相手を威嚇することで攻撃意図をそぐことです。こうした反撃能力で可能でしょうか？

「反撃能力で期待できる効果は限定的なものでしょう。中国は核保有国であり、２０００発ともいわれる中距離ミサイルを持っています。いわゆるミサイルギャップです。そういう国が、たとえ日本が多数の通常弾頭の対地ミサイルを装備したとしても、威嚇または脅威として意識するでしょうか。反撃能力の中では敵の指揮統制機能も対象にしていますが、有事の際に司令部は堅固に守られた地下施設に移るので破壊できる見込みは低いのです。飛行場を攻撃したとしても2時間ほどの混乱を起こすくらいのものです。戦争そのものを抑止する力はないと言っていいでしょう」

――反撃能力は北朝鮮に対して効果があるのでしょうか。

「北朝鮮にしても米国の核戦力のほか、米軍三沢基地のF16戦闘機部隊に代表される強力な地上攻撃力と、長年にわたって直接対峙してきました。この期に及んで、日本の対地ミサイルに危機感や恐怖を抱いたりはしないのではないですか」

「弾道ミサイルにしても、車両搭載型や潜水艦搭載型は動き回ることで頻繁に位置を変えるので、発見すら難しい状況にあります。反撃能力には推進派が信じるほどの効果は見込まれないのです。今後将来的に、ミサイル打撃力に5年で5兆円もつぎ込む意味はあるのかといった議論が巻き起こる可能性があります」

――国民の十分な理解を得ないまま突き進んだ反撃能力保有と防衛費倍増。その財源確保を巡っては閣内不一致の動きすら見られます。日本の歩むべき道は？

「反撃能力を巡る一連の動きを見ていて強く感じるのは、脅威をあおることでかえって日本の安全保障環境を損ねているのではないかという危惧です。安全保障を合理的に追究するのであれば、敵対関係については優先順位をつけて整理しなければなりません。しかし、実際には北朝鮮、中国、ロシアと対象国の数をいたずらに増やし、さらには各国との対立を激化させています」

「危険なのは反撃能力を保有することで過度な自信を持つことです。抑止できるはずのない衝突を抑止できるものと信じ込み、危険に一歩踏み込む恐れがあります。現時点では『自衛』と称して先制攻撃できるといった主張すら出ています。危険なことです」

——中国に対しては、どのような態度で臨めばいいのでしょう？

「中国は日本の反撃能力を大きな脅威とは見なさないでしょうが、かといって容易に屈服させることができる国とも考えていないでしょう。日本はアジア有数の軍事力を持っているからです。もちろん、背景には日米同盟もあります。日本が中国を最大の脅威と見なすのならば、なおさら柔軟に対応する必要があるのではないでしょうか。現在の力にはカのような強硬姿勢だけではおのずと限界があります」

——衝突回避の努力が常に必要だということですね。

「柔軟対応は必ずしも従属や屈服を意味しません。中国にとって絶対譲れない利益、逆に日本にとって死活的な利益。お互い掛け値のないレッドラインを認識し、それを超えないようにすれば大丈夫ではないでしょうか。軍事面で対立していても、それを政治、ましてや経済にまで持ち込まないことが肝要です」

――**具体的には？**

「中国が国家的に譲れない台湾問題を利用しないことです。それを反撃能力保有の理由にせず、むしろ台湾独立を回避する方向にもっていく。対立を拡大させない努力が求められます。難しいでしょうが、そうした国家戦略的なビジョンを考え、行動に移すことこそが政治家の務めではないでしょうか。それが成熟した国家の振る舞いだと思います」

↓気鋭の軍事評論家、研究家として注目を集める文谷さん。

●文谷数重

1973年、埼玉県生まれ。早稲田大学大学院修了。海自幹部として八戸、大湊基地のほか横須賀総監部、仙台防衛施設局、統合幕僚監部などで勤務。NBC（核、生物、化学兵器）防護などに従事し2012年に3等海佐で退官。現在は総合誌『世界』、軍事専門誌『軍事研究』などを中心に執筆活動を続ける。中国や台湾をはじめとした海外の軍事情勢にも詳しく、海自幹部時代の実体験と知識に基づいた情報収集・分析力には定評がある。海外メディアも注目する日本人軍事研究家のひとりでもある。

第10章

「戦い」を問う表現者たち

⬆青森県弘前市内を歩く安彦良和さん。弘前は、学生時代を過ごした青春の地でもある。

⬆畑澤聖悟さんは、高校演劇界の雄として知られる青森中央高校演劇部の顧問を務める。

➡工芸美術作家の遠藤薫さん。取材で訪れた米軍三沢基地のゲート前でのカット。

撮影：上／斎藤義隆（東奥日報）、下2点／筆者撮影

「短絡的な危機のあおり方はまずいし、それに踊らされてはいけないと思う」

ロシアによるウクライナ侵略、度重なる北朝鮮の弾道ミサイル発射、中国の台頭と海洋進出……。大きく揺れ動く世界情勢を前に、そう苦言を呈するのは埼玉県所沢市在住の漫画家、安《やす》彦良和《ひこよしかず》（75）だ。

北海道生まれだが、青森県の国立弘前大学で青春時代を過ごし、津軽を「第二の故郷」と表現する。1980年代に一大ブームを巻き起こし、今もアニメ界で絶大な影響力を持つ『機動戦士ガンダム』の生みの親のひとりとして名高い。そんな安彦が創作者としてこだわり続けるテーマが「人間はなぜ戦うのか」。

「ウクライナ侵略を機に日本国内でも軍備増強論議が盛んですが、どうしても気になるのは『今ならなんでも通るだろう』というような無責任な政治状況とそれに異議を唱えない世論。2022年末に閣議決定された安保関連3文書がその最たるもので由々しいことです」

安彦のほかには、青森市で劇団「渡辺源四郎商店」を主宰する一方、舞台『hana－1970、コザが燃えた日－』（2022年）で脚本を務めた劇作家の畑澤聖悟《はたさわせいご》（58）、そして工芸を軸に現代アートの世界で活躍する東京在住の遠藤薫（33）。70、50、30代と世代は異なりながらも、創作の世界で「戦い」と向き合う売れっ子表現者3人に「新冷戦」と呼ばれる激動の世界への思いを聞いた。

軍備増強派の言う「脅威」本当か？　方便か？　漫画家・アニメ監督　安彦良和

希代の漫画家であり、アニメ監督である。日本のアニメを根底から変え、社会現象にまでなった『機動戦士ガンダム』（1979〜80年）の作画監督といえば分かりやすいだろうか。その功績から2021年には日本アカデミー賞協会特別賞を受賞した。

そんな巨匠が現在取り組んでいる長編漫画が、シベリア出兵（1918〜22年）をテーマに据えた『乾《いぬい》と巽《たつみ》〜ザバイカル戦記〜』である。

シベリア出兵は第一次大戦後で革命のさなかにあるロシアに対して、日本が最大時に約7万人もの大兵力を送り込んだ干渉戦争のこと。現在では「大義名分のない無益な軍事行動」と位置付けられ「日本史の汚点」のような存在とさえいえる。

そんな日本人に人気のない出来事をあえて安彦がテーマに選んだのは、その本質を探ることができれば、教訓として現代に生かせると考えたから。

「『ロシアの主権を侵害し、多くの住民を殺害するなどひどいことをした』『政治的に得ることは何もなかった』というのが一般的な評価ですが、本当にそうなのか知りたかった」

月刊誌『アフタヌーン』（講談社）で連載を始めたのが出兵からちょうど100年の2018年。その後、想定外の大事件が起きた。ロシアによるウクライナ侵略である。そして、描いていてあらためて気付かされたのが、ウクライナ侵略との見事なまでの共通性だったという。

そのひとつが「実在しない脅威」が侵攻の口火となった点。

「1918年のシベリア出兵に際して、日本は第一次大戦の敵国であるドイツ、オーストリア軍が過激派（ボルシェヴィキ）とともにシベリアへ攻め込んで来ると宣伝しました。あり得ないことなのに。同じように、ロシアのプーチン大統領がウクライナ侵攻の理由に掲げたのがネオナチの存在です。何を寝ぼけたことをと思いましたけど」

プーチンから「ネオナチ」と名指しされたのは、ウクライナ国内の親ロシア派に対抗するためつくられた準軍事組織アゾフ連隊のこと。

「確かに、アゾフ連隊は極右で民族派だけどウクライナ軍内部では主流ではありません。しかし、プーチンはそれを口実に東部4州の併合を一方的に宣言し、占領地からは洗脳するため子供まで誘拐しました。想像以上にあこぎで邪悪です」

100年前のシベリア出兵とウクライナ侵攻のもうひとつの共通点として挙げられるのが「緩衝地帯をつくる」という発想だ。

明治以降、日本が最大の仮想敵国として捉えていたのがロシア（ソ連）。日本は直接衝突を避けるため、出兵によってバイカル湖以東に反共政権をつくり緩衝地帯にしようと画策した。満州事変（1931年）をきっかけに、日本が建国した傀儡国家・満州も「こうした日本の緩衝地帯構想の一つとみる方が理解しやすい」と安彦は言う。ロシアを例に第6章で紹介した影響圏思想である。

「シベリア出兵と同じく、大義名分なきウクライナ侵略が誤りであることは疑いありませんが、欧米が無神経だったことにも注目しなくてはいけないと思います。ソ連崩壊後、NATOはひたすら拡大を続けました。ソ連率いる東側のワルシャワ条約機構がなくなったのに、なぜNATOだけが存在するのか。ロシアにすれば、非常に大きな疑問があるわけですよ。ウクライナがNATOに加盟すると、結果的に、ロシアは丸裸状態にされるわけです。だからこそ、緩衝地帯が必要だと。その結果がウクライナです。ウクライナ国民にとっては迷惑千万で誠に気の毒な話ですが……」

大陸とはいえ島国で、隣国から侵略される恐れがほとんどない米国には、大陸国ロシアの〝危機感〟が理解し切れなかった可能性が残るのである。「歴史的に米国は一貫して孤立主義ですが、それは地政学的に有利な場所にあるから。私個人としては、ウクライナに何とかしてあげたい気持ちでいっぱいだけど、プーチンを追い詰めた欧米にも考えるべき点があるのではないでしょうか。米国と組む英国はとても好戦的ですし。皮肉な話だけど、米国が共和党のトランプ政権だったら戦争にならなかったのではないでしょうか。トランプは利益にならないことはしないから。対して、民主党のバイデン大統領はリベラルという理念を抱えているので、『邪悪なロシアは撃たなきゃ』という形になるわけでしょう」

　今、安彦が危惧するのは、ウクライナ侵略を境に日本国内で実体のない脅威論が声高に語られ、横行しているようにも見える状況だ。

「隣にはロシアのほかに北朝鮮がいるし中国もいる、日本はいつ攻められるか分からないという短絡的な危機のあおり方はまずいと思うんですよ。現在、日本国内で勢いを得ている軍備増強派の言う『脅威』っていったい何なのでしょう？　『現状は冷戦期以上に厳しい』のだとことさら主張しますが、本当にそう思っているのでしょうか？　それとも方便なのか……」

「1980年代まで続いた米ソ冷戦は資本主義と社会主義というイデオロギーの対立であり、超大国が存亡を懸けた極めてシビアな闘いでした。ところが、今は単純な損得の世界。ロシアにしても中国にしてもそうです。単純な損得勘定に地政学的な問題が加わった古典的な戦いに見えてしょうがありません。北朝鮮が弾道ミサイルを懲りずに発射し続けるのも、金王朝の体制保障が欲しいだけでしょう」

　米ソ冷戦の真っただ中、弘前大学で西洋史を専攻する学生だった安彦の頭の中にあったのは米ソ衝突―第三次大戦―核戦争という構図だ。その先にあるのは世界の破滅。現在は？　そう問いかけると「国内外を問わず政治家が劣化しているように見える」と答える。

「政治家というのは相手の思惑を読んで、腹芸を使って何とかするのが仕事と思っていたけど今は違う。意外に幼稚だったり、読みが浅かったり、うかつだったりします。政治家にとって肝心なのは局面を読み違えないことです。ロシアによるウクライナ侵略はなぜ起きたのか？その問いかけが一番大事なのだと思います。結論は簡単でプーチンの読み違えですが、それに至る過程を検証しなくては同じことの繰り返しになってしまう」

●安彦良和

1947年、北海道遠軽町生まれ。埼玉県所沢市在住。歴史に関心を持ち、1966年に弘前大学人文学部（西洋史専攻）に入学。70年安保運動に伴って弘前大学全共闘のリーダーとなる。自身が直接関わっていないものの大学本部占拠事件（1969年）で責任を問われ、卒業直前の1970年に除籍処分を受ける。この年に虫プロ入社。フリーのアニメ監督を経て1989年から漫画業に専念し、以来多くの歴史作品を発表する。日本漫画協会賞優秀賞、文化庁メディア芸術祭優秀賞など受賞。日本とロシア関係に関わる作品は多く『虹色のトロツキー』（1990〜96年）『韃靼タイフーン』（2000〜02年）『天の血脈』（2012〜16年）などがある。2022年には自ら監督した映画『機動戦士ガンダム　ククルス・ドアンの島』を公開した。著書は『原点　THE ORIGIN〜戦争を描く、人間を描く』『革命とサブカル』など多数。

誰かの犠牲の上に基地は成り立つ　劇作家　畑澤聖悟

青森市中心部にある県立青森中央高校演劇部の代表作といえば、なんと言っても「修学旅行」だろう。2005年の全国高校総合文化祭で最優秀賞を獲得し、高校演劇の頂点に立った。高校という枠を超え、東京の国立劇場やソウルでも上演された名芝居である。

沖縄への修学旅行がモチーフ。ありふれた旅館の一部屋を舞台に、個性豊かな5人の女子生徒のやりとりを通して、恋愛、友情、平和、戦争、平等、エゴイズムなどの要素をテンポ良く描く。「憎しみがどのように生まれ、解決に導かれるのかを考えさせる内容」と高い評価を受けたが、「きっかけはイラク戦争への疑問があった」と、顧問として脚本・演出に当たった美術教師の畑澤聖悟は明かす。

「イラク戦争が起きたのが2003年で、フセインが拘束されたのが2004年です。でも、生徒たちはどちらにも関心がなくて、『何も知らない』と言う。今、この瞬間に多くの人が死んでいるというのにこれでいいはずがない、どうしたら戦争をわがこととして捉えてもらえるのか。そう考えた時にまず浮かんだのが沖縄でした。嘉手納基地からイラクへ大型輸送機がたくさん飛んでいるはずだと。それで、沖縄旅行での女子高生同士のたわいないけんかを、戦争が起きるメカニズムとして再現してみたんです。米国やイラク、ロシア、北朝鮮の関係性を擬人化してみたのです」

青森中央高校の美術室で畑澤はそう振り返る。「修学旅行」のクライマックスで室内を飛び交うたくさんの枕は、イラク開戦時のロケット弾の閃光をイメージしたという。

沖縄との関わりはその後も続くが、考えるたびに、訪れるたびにとげのように突き刺さったのが自身をさいなむ罪悪感だった。沖縄にだけ米軍基地を押しつけて、われわれはのうのうと平和に暮らしている、これでいいのか……と。

そんな時、目に留まったのが地元紙『東奥日報』の社会面トップ記事だった。イラクの首都攻撃で先陣を切ったのは米軍三沢基地のF16戦闘機だった――。その内容にハッとした。ちなみにその記事を書いたのは、この本の著者である斉藤である。

「自分が住んでいる青森市から50キロと離れていない三沢のF16戦闘機が、バグダッド上空でミサイルを放っていたと知って本当に驚きました。沖縄という場の力を借りる必要すらなくて、青森とイラクはダイレクトにつながっていたんです。戦争は人ごとではないとあらためて実感しました。生徒に対しては『当事者意識を持たなくてはいけない』と言っておきながら、私にとって沖縄は〝人ごと〟だったんですよ。甘かった。そういう気付きを演劇で表現できないか、観衆に追体験してもらうことはできないか、という発想から生まれたのが、２０２２年の舞台『ｈａｎａ―１９７０、コザが燃えた日―』でした」

「hana―1970、コザが燃えた日―」は、戦後たまりにたまっていた米軍に対する怒りが、コザ（現在の沖縄市）の市民暴動となって現れた1970年のコザ暴動がテーマ。本土復帰50年に当たる2022年、松山ケンイチ主演でホリプロが舞台化し、脚本を指名されたのが畑澤だった。

東京芸術劇場プレイハウスでの舞台初日、満員の客席にいた畑澤が目にしたのは、終幕後に席を立てなくなり座り込んだままの観客の姿だった。かつての自分と同じ罪悪感が立てなくしているのだと知った。

「主人公（松山ケンイチ）の母親で、米兵相手にバーと質屋を経営しているママさん（余貴美子）が言うんですよ。『戦争はまだ終わっていない』って。その言葉は、書いたはずの私にとっても衝撃なんです。誰かの犠牲の上に基地は成り立っているという基本的構造は、沖縄が返還されて50年たった今も変わっていないと思うんです」

自らが青森市で主宰する劇団「渡辺源四郎商店」の最新作「オールド・ラング・サイン（蛍の光）」は、日露戦争後から第二次大戦直前まで津軽海峡を往復した青函連絡船に焦点を当てた意欲作で、ロシアによるウクライナ侵攻への批判をエッセンスとして盛り込んでいる。「物書きとして無関心でいてはいけない」という思いにせかされてのことだ。一番気になっていたことをインタビューの最後に聞いてみた。

「戦争」という面倒くさいテーマになぜ取り組むのですか？

「あえて取り組んでいるつもりは全然ないんです。でも、青森から見た日本、青森から見た世界を書こうとすれば、自然とこうなります。つまりは、青森の置かれている現状が難しいということで、『基地』と『原発』という存在で明らかなように沖縄と同じくらい、もしくはそれ以上に国策に振り回され続けています。青森を題材にしようと歴史を調べてみると、必ず『戦争』という存在が色濃く出てきます。〝今〟を取り込むことが使命の劇作家として、そうした問題に目をつぶることはできないのです」

⬇畑澤さんの最新作「オールド・ラング・サイン」にはウクライナ侵攻への批判が盛り込まれている。

●畑澤聖悟

1964年、秋田県五城目町生まれ。青森市在住。秋田大学教育学部（美術科副専攻）卒。青森中央高校教諭のかたわら劇団「渡辺源四郎商店」を主宰し、全国的な活動を精力的に展開している。ホリプロの「hana—1970、コザが燃えた日—」のほか、劇団民藝の「カミサマの恋」、こまつ座の「母と暮せば」など書き下ろし多数。2005年には日本劇作家協会短編戯曲コンクール最優秀賞を受賞した。ラジオドラマの脚本でも文化庁芸術祭大賞、日本民間放送連盟賞など受賞している。コロナ禍にもかかわらず「hana—1970、コザが燃えた日—」は話題となり、鶴屋南北戯曲賞の最終候補にも選ばれた。高校演劇部顧問としては指導した２校を11回にわたって全国大会に導き、最優秀賞を３度獲得している。

写真提供／渡辺源四郎商店

戦争の歴史と素材越しに向き合う　工芸美術作家　遠藤薫

旅するアーティスト。そう呼んでもいいだろう。それは、より良き素材を求めて移動を繰り返す工芸美術作家の習性であり、宿命なのかもしれない。

だから、遠藤薫と初めて会ったのは、青森市郊外にある青森公立大国際芸術センター青森（ACAC）の企画展だったし、彼女の求めに応じて米軍三沢基地の取材にも同行したことがある。この記事のためインタビューを重ねたのは、遠藤が巨大な芭蕉布織りと格闘していた沖縄県の八重山諸島だった。

遠藤が求める素材は国内の各地方で生まれ育まれた織物であり、時を重ねた古布、さらにはガラス、木材など。見落としてはいけないのは、それらの素材を通して、背景にひそむ「戦争の記憶」に焦点を定めているということだろう。

「布の織り目には政治や戦争をはじめとした、生に関するあらゆるものが含まれていることに気付いたからです。倫理的にはもちろん戦争に反対ですし、米軍基地は大きな国内問題だと思います。現代アートの中でも工芸に絞ったのは、そんな戦争の歴史と素材越しに向き合うことができるから」

人間にとって第二の皮膚と呼ばれる布。全国に眠る古布や織物にはその土地、そこに住む人々の戦争の記憶が眠っており、それを掘り起こす作業にこそ意味があると考えているのだ。戦後世代が戦争の記憶をどのように語り継ぐのかを、彼女なりの手法で模索しているともいえる。

遠藤が分かりやすい「戦争の記憶」の一例として挙げるのが、戦時中に大量に縫われ、戦後になって神社などに奉納された千人針だ。戦地に向かう兵士がじかに身に着けることで、弾よけになってくれればとの女性たちの切ない願いが込められている。

もうひとつが軍用パラシュート。戦後、米軍施政下にあった沖縄では絹でできたパラシュートをウエディングドレスや赤ちゃんのおくるみに転用した。そのほか、米軍の古い軍服を着物に、資材袋を漁船の帆に仕立て直した。逆境をプラスに変える発想力としたたかさ。

那覇市にある沖縄県立芸術大学で学生時代を過ごした遠藤にとって、「わざわざ表現したいわけではないのに、いつもどうしてか不思議と巡り会ってしまうのが『戦争』というテーマ」なのだという。

その流れにあるのが、2020年にACACの「いのちの裂け目―布が描き出す近代、青森から」展に出展した「閃光と落下傘」だろう。4か月間の滞在中に青森市内の津軽裂織《さきおり》作家から織り方を学び、古布を市民と一緒に裂いて幅30センチ、長さ50メートルの裂織を織り上げた。これをつなぎ合わせてつくったのが直径4メートルものパラシュート型作品だった。

「落下傘であるとともに花火だった」と遠藤。旧陸軍第8師団による雪中行軍遭難事件（19

02年）が起きた八甲田連峰で、この作品を持って全力で走り抜け、パラシュートのように広げようとする動画映像と併わせて展示した。インスタレーション（空間芸術）と呼ばれる現代アートの手法である。

「青森では八甲田で遭難し、亡くなった陸軍兵士たちのことをずっと思っていました。遭難事件は日露戦争に備えた演習の一環として起きたものです。だからこそ、津軽裂織でつくった作品を鎮魂の花火に見立てて開かせたかったんです」

「私たちの世代は、戦争そのものを立体的に捉えることが難しいのではないでしょうか。でも、それでは現代史を知らないことと同じなのだと思います。歴史的要素として戦争が多分に含まれる現代史を十分に知らないと、作品が力を持ち得ない。歴史の中で忘れてはいけないものがあるということです。しかし、いくら過去の戦争を学んで〝予習〟したとしても、気付いた時には戦争の渦中に立たずんでいたという事態が起き得るのかもしれません。将来的に起きる戦争は、ウクライナ侵略などとはまったく別の形の〝目に見えない戦争〟の可能性があるからです」

津軽裂織のほか青森県内の農村部に眠る〝ボロ〟やこぎん刺し、菱刺《ひしざ》しにも関心を寄せる。青森市内で手に入れた戦前のボロと蚕を組み合わせる大胆な試みにもチャレンジした。たどり着いたのは青森、沖縄という列島南北の地の共通性だ。

「日本のプリミティブ（根源的）なものが今も残っている場所が日本列島の北に位置する青森と南の沖縄。それは布はもちろんのこと、心であったり、考えであったりします。その国の文化の本質は地方にこそ色濃く残るのだと思います」

その列島南北には「基地」が濃密に存在する。

なぜなのか？　と遠藤は問い続ける。

●遠藤薫

1989年、大阪府東大阪市生まれ。沖縄県立芸術大学工芸専攻染織科卒。東京や沖縄を拠点に国内外各地で広く活動する。2020年7月まで4か月間にわたって青森公立大学国際芸術センター青森（ACAC）に長期滞在し、創作活動に従事。2020年5～8月に開催した「いのちの裂け目—布が描き出す近代、青森から」展に、津軽裂織を取り入れた「閃光と落下傘」を展示し話題を呼ぶ。優れた若手作家に贈られるVOCA展佳作賞、資生堂アートエッグ大賞など受賞。最近では「琉球の横顔」展（那覇市）、「あいち2022」（一宮市など）、「Osaka Directory3」（大阪市）などに出展。専門誌「美術手帖」の2023年7月号で6ページの特集が組まれた。

第11章

日米防衛の拠点「マーシャル諸島」

⬆中国と安保協定を結んだソロモン諸島の周辺で共同訓練を実施する日米艦艇（2022年8月。海自広報資料より）

➡筆者のインタビューに答える地元紙『ジャーナル』のヒラリー・ホシア記者（筆者撮影）。

三沢と連なるミサイル防衛拠点

「当機はこれより降下態勢に入り、クエゼリン空港に着陸いたします」

早口の英語で機長のアナウンスがあった。

身動きが取れないほど満席状態の米ユナイテッド航空旅客機。小さな窓から機外をのぞくと、真っ青な海に弓状に連なる細い島が見えてきた。エメラルド色に輝くサンゴ礁が縁をなぞるように取り巻く。

米領グアムから東へ3000キロ。中部太平洋にぽっかり浮かぶマーシャル諸島共和国のクエゼリン環礁である。

さらに高度を下げる。視界に飛び込んできたのは、熱帯の陽光を浴びてキラキラ光るレーダードーム群だ。サンゴ礁が隆起してできた小島にあふれんばかりに立つ施設群。米陸軍クエゼリン基地、正式名称は「ロナルド・レーガン弾道ミサイル防衛試験場」である。ミサイル防衛（MD）と宇宙開発の拠点に位置付けられる重要基地だ。

米軍が、米本土に飛来する大陸間弾道ミサイル（ICBM）を想定した迎撃実験に初めて成功したのが2017年5月。さらには、日米共同開発の新型ミサイルSM3ブロック2Aの迎撃実験に初成功したのが2020年11月。いずれの歴史的軍事実験に深く関わったミサイル防衛拠点として知られる。

　着陸したクエゼリン空港はそんな特殊な米軍基地内にある。軍用滑走路を民間航空会社が便宜的に使わせてもらっているという形だ。だから、基地に関わりのない乗客は機外に出ることさえ許されない。機密を保つための完全閉鎖区域である。

　この絶海の孤島にあるレーガン試験場から北西へ5000キロのかなた、青森県津軽半島にある米陸軍車力通信所（つがる市）の早期警戒システム「Xバンドレーダー」、そして米軍三沢基地の移動式弾道ミサイル情報処理システムJTAGS（ジェイタグス／統合戦術地上ステーション）と、このレーガン弾道ミサイル防衛試験場はリアルタイムで結ばれ、情報を深く共有し合っている。

　今この瞬間も密接に連動し、鋭い目を西の朝鮮半島と大陸に向けているのだ。ターゲットはもちろん北朝鮮と、その後ろに控える中国である。

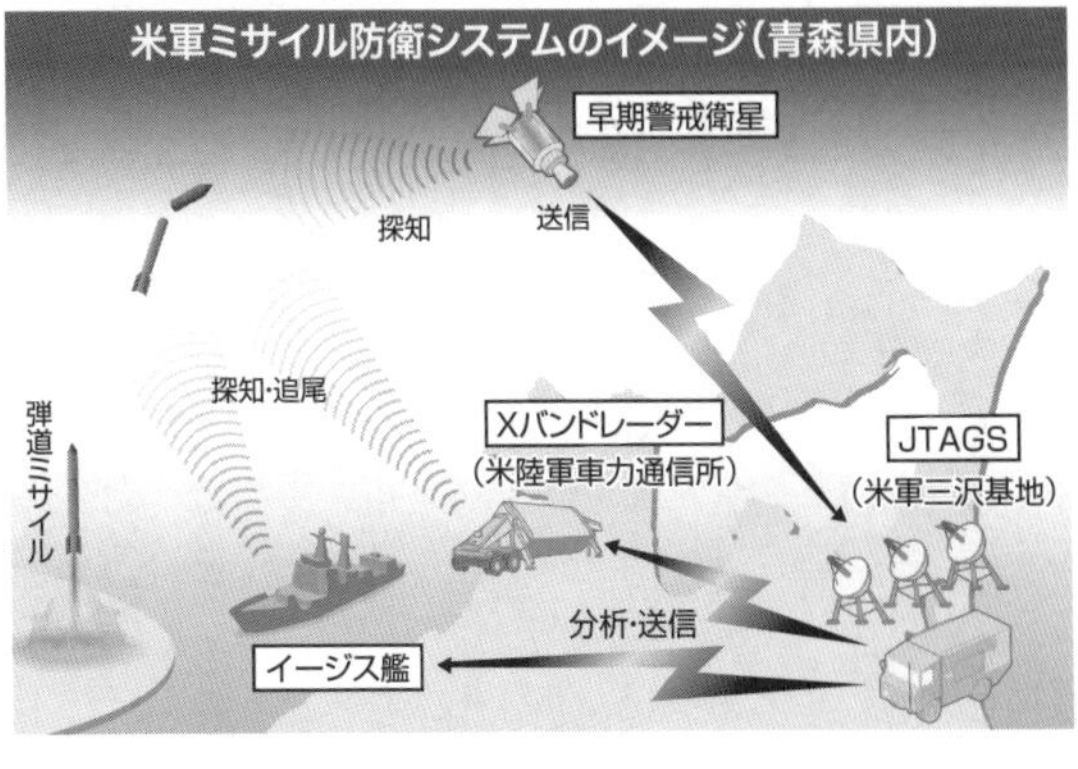

←日米が構築するミサイル防衛（MD）の前哨地点が青森県に集中している。その事実にマーシャル諸島の記者も注目する。

米本土を守るため地球規模で構築されたミサイル防衛網。その中枢であるNORAD（ノーラッド／北米航空宇宙防衛司令部、コロラド州）を本陣に譬《たと》えるなら、青森県の車力通信所は前哨線、つまりは最前線の見張り役であり、三沢基地の統合戦術地上ステーションは最前線の頭脳、そしてレーガン試験場は中継地点の出城に譬えることができるだろう。

米軍主体のミサイル防衛網という大きな傘の下には、やはり青森県の空自大湊分屯基地（むつ市）にあるFPS5ガメラレーダーもしっかり組み込まれている、と多くの軍事専門家は指摘する。

「集団的自衛権の先取りとして、いち早く日米の一体化と融合を図った分野がミサイル防衛にほかならないからです。ミサイル防衛に関わる日米の情報はすべてNORADで一元化される仕組みになっています」とは、軍事評論家の前田哲男の見立てだ。

ことほどさように、マーシャル諸島は日米ミサイル防衛網の拠点である一方、中部太平洋さらには南太平洋へも経済的勢力を伸ばそうとする中国、それを阻もうとする米国と豪州、そして日本との激しい攻防の場でもあるのだ。新冷戦時代で政治、軍事的に熱い場所といえる。太平洋の要衝マーシャル諸島を訪れた。

弾道ミサイル防衛実験　謎に包まれた米軍基地

「クエゼリン環礁のレーガン弾道ミサイル防衛試験場を見ましたか。すごいでしょう」

マーシャル諸島共和国の首都マジュロ。まるで鏡のように穏やかなラグーン（礁湖）のほとりに建つ国営ホテルで、地元紙『ジャーナル』のヒラリー・ホシア記者（38）が語りかけてきた。

「その名前で分かる通り、レーガン大統領時代の戦略防衛構想（ＳＤＩ）、いわゆるスター・ウォーズ計画が起源で、今はミサイル防衛の大実験場になっているんですよ。カリフォルニア州のバンデンバーグ基地から打ち上げられた大陸間弾道ミサイル（ＩＣＢＭ）の迎撃実験とかやっています。詳しい内容については米軍に土地を貸しているはずのマーシャルの国民ですら知らないんです」

ホシア記者はマーシャル国民でありながら米軍に6年勤務。陸軍兵士としてイラク戦争に従軍した経験を持つ異色の記者だ。地元紙で最も米軍情報に精通している人物でもあるが、そんな彼ですら詳細は知らないという秘密基地。それがレーガン試験場なのだ。

マーシャル諸島はハワイとグアムのほぼ中間に位置し、ミクロネシア地域のほぼ東端に当たる。29の環礁と5つの独立島から成る島嶼国家であり、首都マジュロもクエゼリンと同様に環

⬇マーシャル諸島クエゼリン環礁にある「ロナルド・レーガン弾道ミサイル防衛試験場」。米陸軍下のミサイル試射場だ。

⬅青森県つがる市にある米陸軍車力通信所の「Xバンドレーダー」。同レーダーは京都府京丹後市にも配備されている。⬇米軍三沢基地に配備される移動式弾道ミサイル情報処理システム(JTAGS)。北朝鮮のミサイルとも対峙する。

上と下写真／筆者撮影、中央写真撮影／藤本雄大

礁のひとつで島々の内側に大きなラグーンを抱える。

諸島の陸地面積は霞ケ浦とほぼ同じ181平方キロに過ぎないものの、排他的経済水域（EEZ）が213万平方キロに達する海洋国家である。しかし、2018年には5万8000人だった人口が現在4万3000人にまで減少し社会問題化している。人口減の原因は米国など海外への出稼ぎと移住にあり、要するに豊かさを求めての結果である。

公用語はマーシャル語と英語。宗教はキリスト教。海洋性熱帯気候で年間平均気温は27度。太平洋戦争の激戦地でもあり、1944年に米軍に占領されるまで日本が30年にわたって統治していた。その後、国連信託統治領として米国が施政権を持ち、1958年まで12年間に合計67回におよぶ核実験を実施した「核の島」としても知られる。

米国に防衛と安全保障を委ねる変則的な自由連合協定を結ぶことで、1986年に独立を果たす。主要産業はせっけんなどの原料になるコプラ（ココヤシの乾燥果肉）やココヤシ油など農水産業。平均海抜はわずか2メートルで、キリバスなどと同じく地球温暖化に伴う海面上昇の影響を強く受ける国でもある。

話をホシア記者に戻そう。

そんなマーシャル諸島の中でも「基地の島」に位置付けられるクエゼリン環礁出身であるホ

シア記者は、全地球規模で構築されているミサイル防衛計画に関心があるし、その前哨地点である青森県のXバンドレーダーと移動式弾道ミサイル情報処理システム（JTAGS）について知りたいのだと率直に語ってくれた。

さらには「自由で開かれたインド太平洋」を旗印に、マーシャルをはじめとした太平洋諸国へのさらなる接近を図る日本政府の考えを教えてほしいとも。

「見てください。2023年1月10日に日本の外務副大臣がカブア大統領を表敬訪問した時と、その後の歓迎パーティーの写真です。私が取材担当だったんです」

彼が取り出した写真には、確かに武井俊輔外務副大臣が写っていた。そのかたわらには駐マーシャル大使の田中一成の姿も。

外務省資料によると、武井副大臣はこの時の会談の中で「地域分断につながる動きがある中で太平洋諸国が一体化することの重要性」を強調し、前年末に閣議決定した国家安全保障戦略の意味について説明。そのうえでマーシャルを力強く支えていくことを表明したという。

この時、日本側支援の具体的な内容として示されたのが太陽光発電システムと貯水池の整備、運搬船供与などの無償援助協力で、計画確認のための文書がその日のうちにマーシャル政府と交わされたが、実務を取り仕切ったのが田中大使だった。

ここで注目したいのは、武井副大臣が語ったという「地域分断につながる動き」の意味だが、これは東シナ海から南シナ海、さらには中部太平洋への進出を図る中国の外交攻勢を指している。

ソロモン諸島、キリバス……脅かされる「海の生命線」

じつは、マーシャル近くのソロモン諸島とキリバスが２０１９年に相次いで台湾との断交に踏み切り、中国と国交を樹立していた。つまりは親中国派にくら替えしたということであり、太平洋の覇権国家である米国と距離を置くことを意味していた。

さらに、ソロモンは２０２２年４月に中国艦船の寄港や軍隊・警察の派遣を認める安全保障協定を締結し、キリバスも同じような協定を検討中と伝えられている。中部および南太平洋での中国の軍事拠点化が懸念される状況なのだ。

キリバスは、米国にとって太平洋最大の軍事拠点であるハワイとわずか１０００キロしか離れていない。飛行機でひとっ飛びの距離であり、米国にとって由々しき事態であることは明白だった。ソロモンとやはり１０００キロ余しか離れていない豪州にとっても同様で、海洋通商国家である日本にとっても衝撃的な出来事にほかならなかった。

米国にとって20世紀以降、一貫して戦略的要衝であり、対中戦略で不可欠な存在となっている米領グアムとハワイ。これらグアムとハワイの中間に浮かぶマーシャル、ソロモン、キリバスなどの太平洋諸国は米国の「海の生命線」であり、軍事的聖域と位置付けられている。よりによってその核心部分に、中国によってくさびを打ち込まれたと米国はもちろんのこと同盟国の日本と豪州は捉えたのである。

是が非でも失地回復を図りたい米国は、ソロモンに対して「中国軍が常駐した場合には対抗措置を取る」と強く警告した。豪州も「(中国との)安保協定は透明性を欠き、地域の安定を損なう可能性がある」(ペイン外相)とけん制し、日本も外務政務官を直接派遣するなどして「懸念」を伝えている。

この年の8月には、海自佐世保基地所属の護衛艦「きりさめ」(4400トン)と米海軍沿海域戦闘艦「オークランド」(3200トン)がソロモン諸島周辺で共同訓練を行なったが、親中国へ大きくかじを切ったソロモンと、その背後に控える中国へのけん制であることは明白だった。「オークランド」は高度な火器管制システムを売りにする最新鋭艦である。

こうした日本と米国、豪州の動きを目の当たりにした中国は「(太平洋諸国は)独立した国家であり、誰かの裏庭ではない」(王毅国務委員兼外相)と反発。ソロモンも米沿岸警備隊巡視船の寄港を拒否するなど強硬姿勢を見せている。太平洋波高しなのだ。

このほかにも南太平洋ではバヌアツが中国寄りの姿勢を示し始めている(取材後に情勢が一変。バヌアツは2022年12月、豪州と安保協定を締結した)。中国への傾斜を強める島嶼国家。

その背景には何があるというのか。逆に言えば、なぜ中国はここまで入り込むことができたのか。「米国の経済支援が少なくなり、それに島国が不満を募らせたことが第一です。そうした不安定な状況を見逃さなかった中国という構図なのでしょう。中国マネーをバックにした、したたかでかつ露骨な外交戦略です。一方で、米中をてんびんにかけている間に日本と豪州からも援助を引き出そうとする、島国の強気な戦略も垣間見えてきます」とは防衛省関係者の弁。

島国ではないが、太平洋に面する中米の小国家ホンジュラスがその「てんびんにかけた」最たる例だろう。台湾から年130億円規模の経済支援を受けていたホンジュラスは、支援倍増と債務の再編を求めたものの、芳しい返答が得られないことから2023年3月、台湾との断交を宣言し中国との国交樹立に踏み切った。

「より多くの投資と貿易の必要性から、中国と国交を結ぶ道を選んだ」とホンジュラスのレイナ外相。長年の友情よりお金を選んだ形のホンジュラスに対して、台湾は「中国が経済的誘惑で攻勢を仕掛けた」と言葉少なにコメントした。

こうした現状を見据えたうえで安全保障研究家の平田久典は言う。

「中国の攻勢に対する米国のこれまでの対抗策が、その場しのぎで継続性を欠いていたということでもあります。対照的に中国は、米国が軽視してきた地域や国との関係構築に積極的に動いていています。米国の場合、政権が代われば関心の薄かった地域がなおざりにされる傾向があります。そうした隙を中国が見逃さず、ソロモンやキリバス、さらにはバヌアツの籠絡に動いたとみることができるでしょう」

さらに今、注意しなくてはいけないのは東ティモールなのだと平田は警告する。

「東ティモールは豪州北部の要衝で空軍基地のあるダーウィンからわずか600キロの距離にある島国です。この東ティモールにも中国はインフラ整備事業などを通じて深く浸透していきます。将来的に中国艦艇が利用するような事態にならないか懸念されます」

中国の狙いはいったい何なのか？

「米国主導の対中包囲網の突破、勢力圏の拡大などいろいろ言い表すことはできますが、究極的には『台湾統一と新冷戦を見据えた長期的戦略』と捉えることができるでしょう。ただし、ソロモンとの安保協定はここ1〜2年の間に浮上してきた政策のようにも見えます。米中対立が短期間のうちにヒートアップしている事実を示しているのではないでしょうか」

「ヒートアップ」。平田が表現するように、ここにきて中国の攻勢はとどまることを知らない。2022年5月には南太平洋10か国に向けて、安全保障や警察、貿易、データ通信で協力する協定案を示した。まさに、武井副大臣の言う「地域分断」の動きにほかならない。

しかし、この中国の提案に対して一部の国が懸念を表明したことから合意に至らず、現在は棚上げ状態となっている。明確に反対を唱えた国の一つがミクロネシア。マーシャルと並ぶ親米で親日国家である。

ミクロネシアのパニュエロ大統領（当時）の言葉が意味深だ。

「（協定が実現すれば）良くて冷戦時代、最悪の場合は世界大戦をもたらす」

中国マネー　太平洋に大攻勢

中国の札束攻勢に揺れ動く島嶼国家群。これは財政基盤が脆弱ゆえのことではあるが、こうした国々へのさらなる援助の必要性を強調するのは、国際協力機構（ＪＩＣＡ）マーシャル支所長の鵜飼彦行（59）だ。

「マーシャルをはじめとした中部・南太平洋諸国は、地政学上の関心から注目を集め始めている国々ですが、だからといって日本からの援助額がポンと増えたというわけでもありません。マーシャルの場合には年間5億～10億円の間を行ったり来たりでしょうか。2国間では米国に次いで日本は2位で、3位は台湾です。防衛と引き換えに自由連合協定を結んでいる米国は別格で、米国からの援助がこの国の歳入の4割を占めています」

鵜飼支所長によると、太平洋諸国に対する日本の支援は基本的に無償援助。対して、中国の多くは金利が高い借款、つまりは借金なのだという。そこが大きな違い。世界的に悪名高い中国の「債務のわな」である。

返済に苦しむ国から港湾使用権を得るなどのパターンが多く、そのまま軍事拠点化するケースもアフリカ地域で多々見られる。中国と安保協定を結んだソロモンや軍事拠点設置を提案されているとされるバヌアツ、トンガなどが巨額の債務を抱えており、その動向が注目されている。

中国は太平洋地域のほかアジア、アフリカなど国外の商業港100か所以上に投資しており、この中には中東のアラブ首長国連邦（UAE）なども含まれる。これらの港は米国に対抗するため軍事利用の可能性が指摘されており、実際UAEの場合には首都アブダビ近郊の港で軍事施設の建設も確認されている。

中国軍は2030年までに、国外で少なくとも基地5か所と後方支援拠点10か所によるネットワークを築く構想を持っており、この構想を中国軍関係者は「プロジェクト141」と呼ぶ。

鵜飼支所長は言う。

「外国からの投資を増やしたいけど自由競争は怖いというのがマーシャル政府と米国の考えなのだと思います。まったく自由にすると中国資本が入ってきますから。世界的に話題となった中国とソロモンの安保協定だって、中国による押し売り的な部分があるとも聞いています。これに対して、われわれが重点的に支援したいのは技術協力分野です。現地政府の能力をいかに上げるかがわれわれにとっての課題なのです」

JICAマーシャル支所はコロナ禍で一時閉鎖していたものの、2022年から活動を再開。

柱となる海外協力隊の受け入れも２０２３年3月から始めるという。医療、教育、建設、環境などの分野で6人が活動する予定だという。

一方、外務省は太平洋地域を中心とする同志国軍を支援する枠組み「政府安全保障能力強化支援（ＯＳＡ）」を２０２３年4月に立ち上げ、安全保障全般を担当するＯＳＡ室を省内に置いた。

ＯＳＡは、これまで非軍事分野に限定していた政府開発援助（ＯＤＡ）とは別の枠組みの無償資金協力で「外交のツールとして最大限活用する」（外務省幹部）と意気込む。その第1弾に想定されているのが、中国と南沙諸島で接するフィリピンとマレーシア。２０２３年度予算に20億円を計上し、沿岸監視用レーダーや通信装置などを供与する方向で作業が進んでいる。

在沖縄海兵隊のグアム移転　防衛政務官が日本の役割強調

武井外務副大臣がマーシャルを訪問した半月後の２０２３年1月25日のことだ。米領グアムに防衛省のナンバー3、防衛政務官の木村次郎（青森県選出の衆院議員）の姿があった。防衛省資料によると、在沖縄海兵隊のうち約４０００人の移転先となる新基地「キャンプ・ブラズ」の開所式に日本政府代表として出席したのだという。

連隊旗を先頭に整列した勇壮な海兵隊員らを前にして、木村防衛政務官は「海兵隊の移転はインド太平洋地域で日米同盟の抑止力を強化し、沖縄の負担を軽減するうえで重要だ」と演説。キャンプ・ブラズの司令部や隊舎などの建設に日本が約30億ドル（約３８９０億円）を資金協力しているのだと日本の役割を重ねて強調した。

第１章で紹介したように、中国軍は沖縄―台湾―フィリピンを結ぶ第１列島線内で制海権を確保するとともに、伊豆諸島―グアムをつなぐ第２列島線の西側海域で、十分な対米攻撃力を持つことを目標にしているとされる。米国への防波堤にしようとしているのだ。

それに対抗するため、米軍は海兵隊の沖縄集中を見直し「太平洋の交差点」であるグアムを軸に分散・機動化を図ろうとしている。

「第２列島線では各地に恒久的基地を置くのではなく、必要に応じて兵力を迅速に動かせる能力を重視している」（グアムにある米軍を統括するマリアナ統合司令部のニコルソン司令官）からだ。

木村政務官がキャンプ・ブラズ開所式で語った「沖縄海兵隊の移転」もその一環で、沖縄を拠点とする第３海兵遠征軍（約１万７０００人）は再編され、小規模で即応力のある３つの「海兵沿岸連隊（ＭＬＲ）」を創設。２０２２年３月にハワイに設置したほか、沖縄とグアムにも置く方向だ。

海兵沿岸連隊（ＭＬＲ）は、やはり第１章で紹介した米海兵隊の新戦術「機動展開前進基地作戦（ＥＡＢＯ）」に伴う新組織で、洋上で戦う友軍（日本や台湾などが想定されている）の艦艇や航空機を島嶼沿岸部からサポートする作戦を展開する。具体的には、小規模の利点を生かして機動的に離島間を移動し、頻繁に陣地を変えながらＨＩＭＡＲＳなどのミサイルやロケット砲を撃つという形を取ることになる。

また、米軍は豪州北部ダーウィンにあるティンダル空軍基地へのＢ52爆撃機配備計画を明らかにしている。Ｂ52は中国が神経をとがらす戦略爆撃機であり、ソロモン、キリバス、東ティモールを視野に入れての動きであることはもちろんのこと、背景には海兵隊再編計画がある。

平田は言う。

「南太平洋に中国が軍事的拠点を確保できれば、第1列島線から第2列島線に向けての作戦が可能になります。ソロモンを利用できれば、中国海軍の遠洋能力向上につながるほか、米国と豪州の艦艇監視ができるようになります。さらには、グアムの米軍を背後から脅かすことすら可能になるかもしれません」

今から5年ほどさかのぼる2018年7月。空自はＦ15戦闘機6機とグアムから飛来したＢ52爆撃機2機の計8機の日米編隊が日本海上空で共同訓練を行ったことを公にした。

その2か月後には、海自が南シナ海で呉基地（広島県）所属の潜水艦「くろしお」（2750トン）を使った訓練を行なったと発表した。

隠密行動を常とし、所在を明らかにしないことが前提の潜水艦としては異例の公表で、しかも海自最大の空母型護衛艦「かが」（1万9500トン、呉基地所属）との行動だったことまで明らかにした。

多くの軍事専門家はこうした空自、海自の動き＝アピールに注目しなくてはいけないと口をそろえたうえで次のように解説してみせる。

「第1列島線を越えてグアムを背後から突こうとする中国をけん制するとともに、封じ込めようとしているのでしょう。5年以上も前から日米対中国のつばぜり合いが西太平洋で激しく行なわれているということです」

日本世論調査会は2022年9月、中国との国交正常化50周年を機に調査を行なった。その結果、今後の日中関係が「悪くなる」と答えた人は89％に上った。今後、この数値はさらに悪化するのか、それとも好転するのか。その鍵を握っているのは激動の太平洋情勢だ。

マーシャル諸島共和国　田中一成大使に聞く

マーシャル諸島共和国で特命全権大使、いわゆる「日本の顔」として活躍しているのが田中一成（63）だ。2021年12月に着任して1年余。海洋進出を強める中国対日本、米国、豪州の構図の中で、さまざまな駆け引きが繰り広げられるこの地の事情を聞いた。

――マーシャル諸島は太平洋のど真ん中に位置し、地政学的に重要な要衝です。外交の専門家の視点で捉えたこの島国の印象はいかがでしょう。

「国際情勢をしっかり見据えている国だと思います。独立以来の台湾との外交関係を、1990年に中国へと切り替えましたが、1998年に再び台湾と国交関係を築き、それ以降、台湾との関係をしっかり維持しています。2022年まで3年間、国連人権理事会の理事国を務めた国でもあるのですが、その間にロシアによるウクライナ侵攻があり、真っ先に反対していました。主張すべきことは主張する国というイメージです」

――マーシャルは防衛と安全保障を米国に委ねるという変則的な形で1986年に独立した新興国家でもあります。「自由連合協定」という枠組みの中で米国から多額の援助金を得ています。クエゼリン環礁にある米軍基地の土地使用料を含めると歳入の半分近くが米国からです。

「そこには国連信託統治領として施政権を持っていた米国からの独立という歴史的背景があります。米国にとっては地政学的に非常に重要な場所であり、クエゼリン環礁にはミサイル防衛の基地や宇宙開発関連の施設などが置かれています。弾道ミサイルの迎撃実験もやっています」

――ソロモン諸島やキリバスなどが親中国になるなどマーシャル周辺の動きが慌ただしい。中国の勢力伸長を感じますか。

「この国の中だけではあまり感じません。中国は大きな世界戦略の中で動いており政治、軍事的に南太平洋地域はつけいる隙が十分あるとみているのでしょう。軍事的な部分については昨年、ソロモンとの間で締結した安保協定に見え隠れしているように思えます。ソロモンではその前年に暴動があり、依頼を受けた中国が警察顧問団を派遣。治安面から入っていった経緯があります。しかし、それは地域全体の安全保障につながりかねない問題です」

――**そうした事情を知らない日本人は驚きました。中国が太平洋のど真ん中にまで進出した――と。**

「そうでしょうね。冷戦期の1970年代には、ソ連がこの地域で影響力を持とうとしていたことがあります。今度は中国かという思いが正直あります」

――**「自由で開かれたインド太平洋」の実現に向けて、岸田首相は太平洋諸国との結び付きをさらに強めようとしています。**

「日本は1997年から太平洋・島サミットを3年に1回、日本で開いています。太平洋諸国との関係強化が狙いで地域貢献の一環でもあります。これは日本外交の大きな財産ですし、今後もその方向を追求していくことになると思います。日本統治時代に太平洋戦争もありましたが、それを乗り越えてマーシャルとは友好関係を保ってきました。マーシャルには今も日本の姓や日本語由来の言葉が多く残るなど、とても親日的な国なんです。関心のある方には訪ねてほしいです」

――**2023年はどんな年になりそうですか。**

「コロナ禍で止まっていたさまざまなものがいよいよ再始動します。例えば、国際協力機構（JICA）の海外協力隊が3月から活動を再開します。彼らはわれわれより国民の中に入っていくし、頼られてもいます。戦後処理問題の一環として進めている戦没者の遺骨収集も再開の方向です。当地では多くの人が亡くなっていますから。私にとっては初の経験となります」

⬇駐マーシャル日本大使館前に立つ田中一成大使（筆者撮影）。

●田中一成
1959年、青森市生まれ。岩手大学卒。1981年に外務省入省。2016年に伊勢志摩サミット・広島外相会合準備事務局次長、経済局経済安全保障課企画官。海外勤務ではオセアニアが多く、2018年から約３年間、豪州ブリスベン総領事を務めた。

第12章

ハイテク戦闘機大解剖

⬆空自三沢基地に配備されているハイテク戦闘機「F35A」。その運用については多くが謎に包まれている。

提供／空自三沢基地

機密の塊　三沢で実戦任務

「(日本は) 中国を抑え込む新冷戦に参画すべきではない」

中国の国会に当たる全国人民代表大会 (全人代) が北京で開催中の2023年3月7日、秦《チン》剛《カン》外相はそう訴えた。

前年の12月に就任したばかりの秦外相にとって初の記者会見。世界のメディアが注目する中、新外相から飛び出した言葉が日米同盟強化へひた走る日本への警戒感であった。中国にとって最大のライバルである米国に追随しないよう強くけん制したのだ。

くしくも同じ日。空自は三沢基地のF35Aステルス戦闘機4機を含む12機が3月3日に、米領グアムから飛来したB1戦略爆撃機2機と日本海で共同戦術訓練を行なったと発表し、日米で緊密な編隊を組む様子を捉えた写真まで公開した。

B1爆撃機との共同訓練は3月2日にも行なわれており、やはりF35A戦闘機が4機参加したという。機密の塊で〝門外不出〟の最新ステルス戦闘機を連続2日間、しかも延べ8機動員する日米共同訓練にはどのような意味があったというのか。

その問いに軍事専門家の多くは「挑発的な弾道ミサイル発射を繰り返す北朝鮮はもちろん、それ以上に日米同盟への対決姿勢を鮮明にし始めた中国へのカウンターという狙いがあったのではないか」と分析する。

空自三沢基地のＦ35Ａが緊急発進（スクランブル）の警戒待機任務、つまりは実戦任務に就いていることが現地報道（東奥日報）で明らかになったのは2月下旬。２０１８年1月に1号機が配備されて以来、じつに5年の月日が流れたことになる。

この間、Ｆ35Ａ配備は順調に進み、合計で33機（２０２２年11月末現在）に上るほか、第３０１、第３０２という二つの飛行隊も発足した。しかし実態はといえば、今なおベールに包まれたままなのだ。

同じ三沢基地に勤務する他機種のパイロットですら「Ｆ35Ａの機体にはなかなか近寄ることができないし、われわれから隔離された特別な存在」と語るハイテク戦闘機の謎に迫る。

本格運用まで5年　異次元のハイテク機能

２０１８年1月26日、どこまでも青く澄んだ空が広がる空自三沢基地。

太平洋岸独特の冬の冷たい風が頬を突き刺す。足元からじわじわ忍び寄る寒気に震える中、ジェットエンジンの爆音がとどろく。音のする方を見上げると、濃い灰色に塗られた機体が上空に姿を現した。

午前11時。薄く氷が張った滑走路の太平洋側から、そっと滑り込むように着陸する。想像以上に大きかった爆音とは対照的に繊細な操作のようにも見える。俊敏さが求められる戦闘機とは思えないほど、ずんぐりと幅広で分厚い機体。すべてがステルス性能を追求した結果なのだという。日本が初めて導入した最新鋭ステルス戦闘機F35AライトニングⅡである。

機体は隊員400人が見守る中、誘導路を進み駐機場へ。操縦席を降りた中野義人2佐が出迎えの鮫島建一司令に敬礼し「空輸完了」を報告する。

中野2佐は2016年から米アリゾナ州ルーク空軍基地で転換訓練を受けていたF35パイロット第1号であり、臨時F35A飛行隊（のちの第302飛行隊）の隊長でもある。

国内初配備となるF35A到着の場面を捉えようと、全国から集まった30人以上の報道陣に向かって鮫島司令が力強く語った。

「F35は航空防衛力に変革をもたらし、国民の平和と安全の確保に大きく貢献する。隊員の総力を挙げ飛行安全を確保しつつ、速やかに着実に運用体制確立に取り組む」

速やかな運用体制の確立──。そう明言したはずの同機が「警戒待機任務」、いわゆる領空侵犯に備えたスクランブルという形で本格運用に入ったことが分かったのは2023年2月のことだ。冒頭の1号機配備からじつに5年が経過したことになる。

なぜそんなにかかったのか？

「配備からわずか1年後に起きた墜落事故（2019年4月）の影響もあると思いますが、それ以上に大きかったのは、これまで空白が取り扱った機体と次元があまりにも違っていたからではないでしょうか。整備面も含めて〝乗りこなす〟までに時間がかかったということです。本格運用に必要な機数がそろうまで時間がかかったという面もあるでしょう」と、この事故について次章で詳しく語る航空機に詳しい軍事専門家は推測する。

レーダーに映りにくいステルス機能を備えるとともに、ハイテク機能を満載したＦ35Ａを説明する際に用いられる常とう句が「異次元」である。従来の戦術とはまったく異なる戦いができるという意味だ。

何が異次元なのか。言葉を換えれば、これまで使用してきたＦ15、Ｆ２戦闘機とは何が違うのか？　Ｆ35Ａは機密の存在だけに取材の壁はことのほか厚いが、防衛省大臣官房は私の問い合わせに次のように回答した。

「Ｆ15やＦ２に比べ高いステルス性を有するとともに、ネットワーク能力、多様なセンサーによる情報収集能力、収集した情報を分析・融合して表示する状況認識能力等が優れています」

役所言葉で分かりづらい部分があるが、簡単に言うと相手レーダーに発見される前に敵機または地上目標をいち早く発見し分析。状況に合わせて先制攻撃を加える能力を持っているということである。それは戦闘機が本領を発揮する格闘戦の前に勝負がついているということでもあり、先手必勝の現代戦において絶対的有利を意味する。

ちなみに、F35Aが空自三沢に配備される前年に当たる2017年、米国で行なわれた航空演習で同機は現在の主力戦闘機であるF16とF15を圧倒。撃墜率で20対1という驚異的なスコアを残したという。鮫島司令の言う「変革」を航空界に確かにもたらしているのである。

最新機の千里眼　中国にらむ

変革を生み出した源は機首部分の高性能レーダーにあることはもちろんだが、極めつけは「EO-DAS（イーオー・ダス、電子光学分配開口システム）」と呼ばれる赤外線センサーと、目標指示装置の「EOTS（電子光学照準システム）」であろう。

口絵14ページの大型図版「F35A大解剖」を見てほしい。

EO―DASは機体の上下左右に計6か所埋め込まれている。これらセンサー群がキャッチした情報はつなぎ合わされ、機体全周をバブル状に監視するイメージを形成する。それらは操縦士ヘルメットのディスプレーに映し出されるとともに自動的に戦闘システムへと流し込まれる。

論理的に操縦士はバイザー越しに360度見渡すことが可能で、操縦席の床下さえ素通しで見通せる感覚を持つという。探知距離は明かされていないが1000キロ以上に達するとされる。また、ＥＯＴＳはレーダーが捉えた遠方の目標を、赤外線を通してさらに正確にリアルタイムで追跡する役目を果たす。自身がレーダー波を発することはないから相手に気付かれることはない。天候を問わず空中、地上の目標に忍び寄る千里眼である。

さらにこうした画期的な機器の特性を最大限に生かしているのが人工知能（ＡＩ）独特のネットワーク能力である。ＥＯ－ＤＡＳとＥＯＴＳが得た情報はデータリンクシステムを通して行動を共にする僚機や地上の司令部、海上の艦艇などに伝えることができる。

陸海空が立体的に情報を共有することで、無駄のない総合的な作戦を展開できる仕組みだ。

Ｆ35Ａの強さの秘密はここにある。とかく同機の場合にはレーダー反射率の低さ、つまりはステルス性が強調されがちだが本質はこちらにあると言っていい。

進歩的なレーダーとセンサーシステム、そしてネットワーク能力を駆使することで、これまで早期警戒機や哨戒機がこなしていた空中の目や司令塔の役割すら果たすことができるともいわれる。文字通り多目的戦闘機。敵確認から攻撃に至るまでの行程が自動化されている点も特徴的だ。

この点について、第３０１飛行隊長の井田好彦2佐と第３０２飛行隊長の入田太郎2佐が航空専門誌『Ｊウイング』２０２２年11月号（イカロス出版）のインタビューに端的に答えている。

「従来の機種は、飛行機をサポートする形でコンピュータが付いていましたが、F―35はコンピュータに飛ぶ機能が付いているというイメージです。従来機の操縦者が〝フライヤー〟（飛行士）とするならば、F―35の操縦者は〝システムオペレーター〟と〝フライヤー〟と、ふたつの能力が必要になると思います」（井田2佐）

「センサーと、そのセンサーからの情報を統合して操縦者に教えてくれる状況認識能力が非常に高い戦闘機です。それに加えて、ステルス性と電子戦能力の組み合わせによって自分の身を護る能力も備えています。それらを組み合わせることで、高い能力を発揮できる飛行機だと感じています」（入田2佐）

「ここはすごい」というところを聞かせほしいとの問いに対しては、ステルス性能の高さを次のように強調している。

「センサーの性能、ネットワークの性能、ステルス性、電子戦の性能。このすべてですね。いままで見えなかったモノがよく見えるようになり、しかも相手には見えなくできます」（井田2佐）

飛行機を操るパイロットに加えて、複雑なシステムを使いこなすオペレーターとしての能力が求められるということなのだろう。その結果「見えない存在」となり、相手に気付かれないうちに撃ち落とし、拠点を攻撃できるということだ。

また驚かされたのは、ＡＩゆえに機体の自動化が進み、それは高度で複雑な知識と技術を求められる機体整備・点検作業にまで及んでいるという点である。

「現場の整備員にとっては、従来の機種よりも楽になっていると思います。例えば、地上で操縦者と整備員が連携して操縦点検する場面がなくなりました。スティックやラダーペダルを操作して、舵面《だめん》の動きを見てもらう場面ですね。飛行機が自動的にチェックしてくれますから。作業量が劇的に減りました」（井田２佐）

「機体が自分の健康状態を全部分析していて、データを飛行後にダウンロード・解析できるようになりました。故障探求（具合が悪いところを把握する作業）は早くなっていると思います」（入田２佐）

当たり前のことではあるのだが、まるで大きなパソコンである。

搭載ミサイル　反撃能力の要に

１４７機。これが、日本が現時点で予定しているＦ35の総配備数だ。このうち42機は空母型護衛艦に搭載するＢ型が占める。通常、１個飛行隊は20機で編成されるから、三沢基地を足掛かりに最終的に６～７個飛行隊体制に持っていこうとする防衛省の航空戦略が数字から透けて見える。

前述したように、F35Aを現在運用するのは三沢の第301、第302の2個飛行隊だけだが、当然のごとく他の候補基地が浮上することになる。

それはどこか？

第2の配備地として内定しているのが小松基地（石川県）で、2025年に新飛行隊を発足させる予定だ。もう一つが新田原基地（宮崎県）で、こちらには垂直離着陸が可能なB型の飛行隊が2025年度内に旗揚げする見込みである。B型は「いずも」など空母型護衛艦とセットで運用されることになる。

注目すべきは、日本の調達機数が主開発国である米国に次ぐという事実だ。太平洋を中心に

↑ハイテク戦闘機「F35A」（後方に2機）と米海軍強襲揚陸艦「アメリカ」の太平洋上での共同訓練。F35Aは空自三沢基地所属の機体（写真提供／空自）。

繰り広げられる新冷戦時代の主力戦闘機と位置付けられているのだ。もちろん相手は中国。無敵とされるF35A（B型も）にはノルウェー製の対地対艦巡航ミサイルJSM（射程500キロ）の搭載が前提となっており、この組み合わせは隠密性と攻撃力で優れたF35Aの軍事的価値をさらに高めることになる。安保関連3文書の閣議決定によって保有が認められた反撃能力（敵基地攻撃能力）の中核となることが見込まれているのだ。

2023年2月15日の東京都内。米国のラーム・エマニュエル駐日大使は着任1年を振り返り、記者会見した。その中で、日本政府による安保関連3文書の閣議決定と、それに伴う大幅な防衛費増額方針に触れ、日米同盟が「守りの同盟から攻めの同盟」に変化したとの認識を示した。

エマニュエル大使は2022年7月、空自三沢基地を訪れた際に「F35Aやグローバルホーク（米国製の大型無人偵察機）など空自の新たな能力は『自由で開かれたインド太平洋』をさらに強化する」とF35Aの重要性をことさら強調している。さらには「装備の近代化だけではなく、日米の協働の在り方も変えていかなくてはならない」のだとも。

大使の言う「協働の在り方」とは、在日米軍を矛（攻撃）、自衛隊を盾（防御）とみなす従来の防衛方針を指しているとみられる。軍事研究家の文谷数重は米国のこうした思惑を次のように分析してみせる。

「米国は従来の関係を見直し、日本にも矛の役割を担ってほしいと考えているのでしょう。反撃能力がその一つで、それを実現できるのがＦ35です。自衛隊にとって直近で手にすることができる反撃能力といえば、このＦ35と対地対艦巡航ミサイルＪＳＭの組み合わせしかありません。米国はそれに期待を寄せているのではないでしょうか」

ＪＳＭの取得に向けて防衛省は２０１９年にノルウェーのメーカーと契約を締結。毎年関連予算を計上し、２０２３年度には過去最多の３４７億円を盛っている。

習近平一強政権の下で軍拡に突き進む中国。そんなスーパーパワーと対峙するには同盟国である日本、中でもＦ35に代表される先進的で強力な航空打撃力が不可欠――。そんな本音が米国から聞こえてきそうではないか。

米軍三沢基地2001年の海南島事件
実は三沢基地機が接触

三沢基地の歴史を261ページにまとめたので見てほしい。

空自Ｆ35Ａの第一配備地に選ばれた三沢基地が、

「三沢海軍航空隊基地」として産声を上げたのは太平洋戦争初期の1942年のことだ。それから80年余。旧海軍から米軍、そして日米共用の一大基地へと変化を遂げた経緯が分かってもらえるだろう。

この本州最北端の航空基地は米戦略に伴ってソ連（ロシア）、北朝鮮、イラク、アフガニスタンと対象国を変えながらも「戦略的、地理的に非常に重要な拠点」（エマニュエル駐日米大使）であり続けているのだ。

そして今、米軍三沢が北朝鮮と並んで最大のターゲットに位置付けているのが中国だ。これは太平洋の覇権を巡るスーパーパワー、米中の衝突という構図の中で捉えることができるが、そもそもの始まりは２００１年４月の「海南島事件」に求めることができると多くの軍事専門家は指摘する。

海南島事件は政治問題にまで発展した米中の軍用機接触事故である。中国南部の軍事拠点である海南島領空近くを、情報収集のため飛行していた米海軍の電子偵察機ＥＰ３ＥアリエスⅡに対して中国戦闘機が異常接近、接触したことで発生した。

中国戦闘機は接触後まもなく墜落し、操縦士が死亡する一方で、ＥＰ３Ｅは海南島の中国空軍基地への不時着を余儀なくされ、乗組員24人が「10日間にわたって戦争捕虜のような扱いを受けた」（米軍事専門家）という。ＥＰ３Ｅは「シギント」と呼ばれる無線通信や電子信号の傍受を行なっていたのだが、実は米軍三沢基地所属だったことを知る人は少ない。

厳密に言うと、米国ワシントン州ホイットビー基地の第１艦隊航空偵察飛行隊から三沢に派遣された分遣隊に所属していた。この飛行隊の愛称は「ワールド・ウオッチャーズ」。文字通り世界に点在する対象国の基地や機体、艦艇が発する各種電子情報を収集し分析する役目を担う。簡単に言うと、米海軍の長い耳は三沢基地を経由して南シナ海まで伸ばされていたのである。

それから20年以上が過ぎた２０２２年12月29日。やはり同じようなトラブルが南シナ海で発生した。中国戦闘機「殲《せん》11」にニアミスされたのは米空軍の電子偵察機ＲＣ１３５。機首から６メートルの距離まで異常接近されたものの、幸い接触にまで至らなかったという。米インド太平洋軍は場所を明かしていないが海南島周辺とみられる。

さらに2023年5月30日にも同じ南シナ海で、同じ機種同士のニアミスが発生した。米インド太平洋軍は「中国の戦闘機パイロットが機首正面に飛行したため、乱気流の中を飛行することを余儀なくされた。不必要に攻撃的な操縦だ」と非難し、異常接近の映像公開に踏み切った。

南シナ海をはじめとした西太平洋を巡る米中の攻防は四半世紀前から静かに、時には激しく続いているということである。海南島事件を調査した米軍事ジャーナリストのマイケル・ファベイは中国の戦略について「アメリカ海軍を西太平洋の主役の座から追い出したいのだ」と分析したうえで次のように続ける。


「アメリカ海軍上層部にとって、中国が西太平洋でどんな野望を抱いているかはもはや明白だ。誰が大統領になろうと、それはアメリカの望みとは相容れないものだ。アメリカ海軍が軍艦も軍用機も兵士もすべてグアムまで引き揚げない限り（そんなことはあり得ないが）、膨張を続ける中国海軍との衝突が続くことは避けられない。（中略）アメリカにとって、そしてアメリカ海軍にとって、クラッシュバック（海軍用語で全力後進の意）の時代は終わったのだ」（『21世紀の太平洋戦争 米中海戦はもう始まっている』文藝春秋）

第13章 世界初のF35A墜落

F35A 墜落と断定

「訓練中止する」 連絡後、機影消える

本県沖太平洋

岩屋毅防衛相は10日午前、太平洋上で訓練中の9日夜に消息を絶った三沢基地所属の最新鋭ステルス戦闘機F35A1機について、周辺海域で左右の尾翼の一部を回収したことを明らかにし、墜落したと断定した。同日午前11時現在、操縦していた40代男性3等空佐の行方は分かっておらず、自衛隊や海上保安庁などが引き続き捜索を続けている。（本紙取材班）【関連記事3面】

日米国防関係者によると、米空軍仕様のF35Aが墜落した例はなく、世界で初めて。ロイター通信によると、2018年9月に米国で墜落した海兵隊仕様のF35Bに続き、F35としては2例目。政府は将来的にF35Aを計105機配備することにしており、今後の

最新鋭ステルス戦闘機F35Aが墜落した海域付近を捜索する航空自衛隊のヘリ＝10日午前9時51分、本県沖（共同通信社機から）

訓練中に消息を絶った航空自衛隊のステルス戦闘機F35A＝2018年5月28日、三沢市

三沢基地に所属する航空自衛隊の主な事故

種市市長（左）にF35Aの墜落を陳謝する岩屋防衛相＝10日午前10時5分、防衛省

「地元に大変ご不安」 防衛相が市長へ陳謝

大型解説

墜落 米にも痛手 日本、配備に影響か

論説編集委員 斉藤光政

「原因はまだ分からないようだが、最も落ちてはいけない飛行機が、よりによって最も悪いタイミングで落ちてしまった」

空自三沢基地の最新鋭ステルス戦闘機F35Aの墜落を受けて、軍事関係者は口をそろえるように言った。

「戦うコンピューター」の異名を持ち、今後の防衛構想の中核を担っていく空自初の「本格的多任務戦闘機」が、第302飛行隊というF35A専用部隊を3月末に立ち上げたばかりの初期段階で失われてしまった―という意味である。つまり、スタートラインでつまずいたということだ。

米国が主開発し、世界10カ国以上で同時配備が進むF35シリーズには、通常の空軍型（A）と、短距離・垂直離陸が可能な海兵隊型（B）、大型空母搭載用の海軍型（C）の3種類があり、今回の事故機はA型。B型の墜落事故が2018年9月に米サウスカロライナ州の海兵隊基地で起きているものの、A型としては世界で初めて。それだけに今回の事故は米国にとっても痛手で、取りあえず世界規模で同型機全機が一時的に飛行停止になる可能性がある。対中国・北朝鮮に対して、F35を切り札に軍事的優位を保とうとする日米両国にとって大きな痛手である。

特に日本の場合、18年12月に当初予定の42機からさらに105機の追加調達を決めたばかり。合計147機は主開発国の米国に次ぐヘビーユーザーぶりで、このうち、42機は空母型護衛艦「いずも」に搭載するB型と想定されている。

⬆2019年４月、ハイテク戦闘機「F35A」が世界で初めて墜落。墜落場所は空自三沢基地から135km離れた太平洋上。写真は、筆者の大型解説記事が掲載された『東奥日報』速報記事。

複雑・高度なシステム適応迫られる

ここで、前章でも触れたF35Aとしては世界初となる墜落事故について紹介しておきたい。2019年だから4年前の出来事であるが、事故を巡る日本と米国の考えや、それに伴うさまざまな動きを見ることで、このハイテク戦闘機の本質が浮かび上がってくると考えるからだ。さらには、第8~9章で書いた反撃能力（敵基地攻撃能力）とも関わってくる重要ポイントなので、あえてページを割きたいと思う。

＊

事故が起きたのは2019年4月9日午後7時26分。場所は空自三沢基地の東135キロの太平洋上。機体は「79－8705」号機。夜間飛行訓練の最中だった。

「訓練中止」

41歳のベテラン操縦士、細見彰里3佐が突然そう告げるとレーダーから機体はぷっつり消え、無線連絡も取れなくなった。4機による空対空戦闘訓練、簡単に言えば格闘戦の最中のアクシデントで、細見3佐は編隊長として指揮を執っていたという。

細見機が所属する第302飛行隊はこの年の3月末に12機体制で発足したが、領空侵犯の恐れのある外国機への緊急発進（スクランブル）など実任務には就いていない状態。いわば、練習生のようなもので、空自幹部は「これまでの戦闘機とはまったく違う新しい戦い方を学んでいる中での出来事だった」と説明する。

「航空戦のルールを変えた革命児」と評されるＦ35は、看板であるステルス性のほか、他の航空機や艦艇などとの戦術ネットワークが売り物で、初めて導入するシステムや概念が多いため、操縦士はそれに適応するのが大変だとされる。それは第12章の井田、入田両飛行隊長の証言からも明らかだろう。

米国防総省と製造元のロッキード・マーチン社の説明によると、単に目標を攻撃するだけでなく、Ｆ35自身の強力なレーダーとセンサーによって〝目〟となり、味方に攻撃目標を伝達・配分したり、場合によっては弾道ミサイルの探知・追尾・破壊すら可能なのだという。両飛行隊長がネットワーク、センサー能力の高さを強調するゆえんである。

当然のごとく、センサーなど電子機器や兵器システム、飛行操縦システムは複雑で高度なレベルのものになるため、各機器を制御するソフトウエアも逐次バージョンアップが求められ、操縦士はそうした進化への適応を常に強いられる。

こうした段階的な向上性がＦ35シリーズの大きな特徴であり、Ｆ35Ａについては２０１８年にブロック３Ｆと呼ばれる最新ソフトウエアが完成しており、空自三沢の機体にも適用されているとみられる。このブロック３Ｆの導入によって「初期段階の『完全作戦能力』（ＦＯＣ）

の獲得」、分かりやすく言えば実戦化が可能になる。

事故当時の詳細な訓練内容について、空自は保全上の基準などを理由に固く口を閉ざしているが、事故機はそうした〝発展〟の過程にあったことが十分に想定される。優れた目と耳によって圧倒的な先制攻撃を可能にし、空戦のありようを変えたと形容される「多任務戦闘機」F35はレーダーに映りにくい機体特性と同じように、厚いベールに覆われているのである。

配備計画に影響か——大型解説記事掲載

でも、地元で防衛・基地問題を担当する記者としては、そんなことを言い訳になどしていられない。私は各方面から情報をかき集められるだけかき集め、事故翌日の4月10日の夕刊1面トップに以下の記事を解説としてまとめ、速報代わりに掲載した。

「原因はまだ分からないようだが、最も落ちてはいけない飛行機が、よりによって最も悪いタイミングで落ちてしまった」

空自三沢基地の最新鋭ステルス戦闘機F35Aの墜落を受けて、軍事関係者は口をそろえるように言った。

「戦うコンピューター」の異名を持ち、今後の防衛構想の中核を担っていく空自初の「本格的多任務戦闘機」が、第302飛行隊というF35A専用部隊を3月末に立ち上げたばかりの初期段階で失われてしまった——という意味である。つまり、スタートラインでつまずいたということだ。

米国が主開発し、世界10カ国以上で同時配備が進むF35シリーズには、通常の空軍型（A）と、短距離・垂直離陸が可能な海兵隊型（B）、大型空母搭載用の海軍型（C）の3種類があり、今回の事故機はA型。

B型の墜落事故が2018年9月に米サウスカロライナ州で起きているものの、A型としては世界で初めて。それだけに今回の事故は米国にとっても痛手で、取りあえず世界規模で同型機全機が一時的に飛行停止になる可能性がある。対中国・北朝鮮に対して、F35を切り札に軍事的優位を保とうとする日米両国にとって大きな痛手である。

特に日本の場合、2018年12月に当初予定の42機からさらに105機の追加調達を決めたばかり。合計147機は主開発国の米国に次ぐヘビーユーザーぶりで、このうち42機は空母型護衛艦「いずも」に搭載するB型と想定されている。しかし今回の事故によって、こうしたF35の調達スケジュールに加えて、「いずも」搭載計画にさえ影響が出る可能性は否めない。

今回のように事故を起こしやすい夜間飛行でも、EO－DAS（イーオー・ダス）と呼ばれる最先端の赤外線センサーによって、明瞭かつ広い視界を得ることができ、操縦士への負担が少ないとされる。空と海または陸の区別もつけやすく、平衡感覚を失う空間識失調に陥る危険性も低いという。それだけに、今回の事故原因の詳細な究明が求められるのは言うまでもない。

F35は今後半世紀にわたって、対空、対地、対艦作戦の主力機と位置付けられているだけになおさらである。こうしたセンサー機器や戦術情報ネットワーク装置を充実させた結果、F35は「目と耳のいい戦闘機」とも評される。ただし、その分、整備管理にも手間取るわけで、事故をきっかけに整備補給体系の再チェックも必要となるだろう。

この解説記事でも書いたが、F35Aとしては世界で初めての墜落事故だけに、各界に与えた衝撃は大きなものだった。

ちなみに、それまでのF35の事故率はどうかというと、F16やFA18など第4世代と呼ばれる過去の戦闘機の初期配備段階に比べて低いとの見方が一般的だ。事実、F35は2006年の初飛行から2015年の実戦配備を経て、合計300機以上が生産されながら、2018年の墜落事故まで20万時間の無事故記録を達成していた。

日米が異例の大捜索

だからこそ、日米が全力を挙げての機体捜索活動が24時間体制で展開されることになる。米軍に至っては横須賀基地所属のイージス駆逐艦「ステザム」（8362トン）、フロリダ州ジャクソンビル基地から三沢基地にローテーション配備されているP8A哨戒機ポセイドン、米領グアム島アンダーセン基地のB52H爆撃機、そして韓国烏山《オサン》空軍基地のU2S高高度偵察機まで動員する奮闘ぶりで、米軍が自衛隊機の捜索にここまで力を入れるのは異例のことだった。

U2Sは「ドラゴンレディー」の愛称を持つ戦略偵察機で、国際線旅客機の2倍以上に当たる高度2万5000メートル以上の成層圏を時速800キロ程度でゆっくり飛行し、高精度のカメラやセンサーなどで情報を収集、得たデータをリアルタイムで地上に送信することができる。

原型は1950年代に初飛行した古い機体だが、捜索に参加したSタイプは1990年代に電子機器やエンジンなどを積み替えた性能向上型。米空軍が20機以上運用し、北朝鮮の弾道ミサイルや核施設監視のほか、中東や中央アジアでの反政府組織の掃討作戦などに使っている。米中央情報局（CIA）所属の同型機がソ連領空を侵犯し、国際問題にまで発展したU2撃墜事件（1960年）はあまりにも有名である。

軍事機密のため公表されていないものの、原潜「アナポリス」（6000トン）も事故に合わせるかのように横須賀基地を出航しており、捜索活動に関わっている可能性があった。機密の塊であるF35の機体を他国に先駆けていち早く発見、回収したい。そんな米国の思惑が見え見えでもあった。

繰り返すように、公海上とはいえ米軍が自衛隊機のためにこれほど大規模な捜索体制を整えるのは珍しく、軍事専門家のひとりは「F35の特殊性が大きく影響している」と説明したうえで、「機密の塊であるF35にはロシアや中国も強い関心を持っています。可能なら機体の一部でも手に入れたいと考えているはずで、それを絶対阻止したかったのでしょう」と続ける。

「これがF2やF15といった他の空自戦闘機の事故だったら、ここまで米軍が積極的に協力してくれるとは思えないし、実際に今回のような大展開は過去にあまり聞いたことがありません」

と話すのは軍事研究家で最新装備に詳しい文谷数重。

「塗装一つ取っても、F35にはレーダー波を吸収するような特殊な塗料と技術が使われています。もし、機体の秘密が競合国に渡ったら、日本はもちろん米国の将来にとって大きな不利益となります」

実際、事故発生直後に元防衛相の中谷元《なかたにげん》は「F35は世界最高の機密が詰まった戦闘機で、一つの断片でも各国が狙っている」と国防上の危機感をあらわにしていた。中谷元防衛相の言う「機密」の中でも特に何が重要なのか？

その問いに対して、文谷は「ソフトウエア」と即答し、次のように解説する。

「敵の電波などを逆探知して解析し、さらには攻撃まで判断するコンピューターシステムのデータベース＝ソフトウエアが何より重視されるはず。これが奪われると、米国を中心とした西側諸国がどこまでロシア、中国の電波情報を知っているかがばれてしまいます」

コンピューターのネットワーク機能を駆使することで人工衛星や他の航空機、艦船、陸上部隊と一体化した最新の戦闘方法を可能にした「航空戦の革命児」F35の肝は、やはりソフトウエアだというのだ。

ただし、こうした最新ソフトウエアには通常、自動消去の仕組みが備わっているので「日米は本気で心配していないはず」と話す文谷。

「その意味では、墜落時点で日米の心配の種はステルス技術やレーダー、逆探知装置を含む戦闘システムそのもの。つまりハードウエアだったとも考えられます」

ロシア、中国など米国の競合国にとってF35情報は垂涎の的。それは、将来的に西側諸国の主力機となるF35の弱点を知ることができるとともに、遅れがちな自国のステルス戦闘機開発に役立てられるからだ。

そうした事情を十分に知っているからこそ、中谷防衛相いわく「米国も血まなこになってF35を探している」のだった。

空自調達分のF35Aは当初、日本側が米国から部品を調達し、三菱重工小牧南工場（愛知県）で最終組み立てする方式が取られていた。しかし機体単価の上昇などから、30機を区切りに完成機輸入に切り替えられ、事故機は国内で組み立てられた初号機だったことも専門家の注目を集めていた。

米国からの戦闘機導入に際して、空自は「国内技術の維持」を理由にライセンス生産にこだわっていたが〝完全輸入〟は実質的に初めて。配備が始まったとはいえ、F35の機体内部の詳細は日本側にも完全に開示されておらず、不具合が生じた場合には部品を交換するだけというように整備管理も厳しく制限されていた。それだけに、墜落はいろいろな問題を秘めているようでもあった。

フライトレコーダー発見

こうした日米大捜索については、米軍準機関紙『スターズ・アンド・ストライプス』も詳細に報道する。事故そのものについては「最新の第5世代戦闘機であるF35Aとしては世界初の墜落」とし、米軍が事態を重く受け止めていることを明らかにするとともに、行方不明となっている細見3佐の飛行歴などにも詳しく触れた。

また、在日米軍司令部の報道担当の言葉として「米軍からはＵ２だけではなく、Ｐ８哨戒機やイージス駆逐艦『ステザム』が日本政府や防衛省の要請に従ってサポートを続けている」と紹介し、米海空軍が全面協力していることをあらためて強調した。

一方、日本側はというと海自が新型の深海救難艇（ＤＳＲＶ）と遠隔操作式の無人探査機（ＲＯＶ）を搭載する潜水艦救難母艦「ちよだ」（３６５０トン、横須賀基地所属）を投入。のちに国立研究開発法人・海洋研究開発機構（ＪＡＭＳＴＥＣ）の海底広域研究船「かいめい」（５７４７トン）も加わった。

そんな大捜索が続いていた5月7日、フライトレコーダー（飛行記録装置）の一部が見つかったと公表された。「かいめい」と米海軍がチャーターした深海作業支援船「ファン・ゴッホ」（約1万トン）との連携作業による結果で、「ファン・ゴッホ」装備の大型クレーンで約１５０0メートルの海底からすくった土砂の中に入っていたという。ただし、かなり損傷が激しいことから、飛行中の高度や進行方向などの航跡を記録したメモリー部分は含まれていなかった。

一般的に、フライトレコーダーは事故から1か月ほど捜索に便利なようにビーコンを発信するが、肝心のメモリーが入った部分は割れたりして引き揚げられず、ビーコンが付いた部分だけが見つかったのではないかとの見方が強かった。

墜落のショックにも耐えるとされるフライトレコーダーが破損するほど衝撃が激しかったということで、ある空自幹部は「機体がある程度の形を保って残っているなら、海底の状況を把握する音響ビームで既に見つかっているはず。ということは、機体がばらばらになっている可能性が高いということです。部品や破片をすべて回収することはかなり難しい」と話した。

こうした状況を受けて、防衛省は民間サルベージ船の新たな投入を明らかにする。この時点で政治問題として浮上していたのが機体引き揚げ後の措置だった。日本と米国のどちらがフライトレコーダーや機体そのものの分析調査に当たるかどうかだった。

岩屋毅防衛相は「わが国が主体」と明言していたものの、軍事専門家の多くは否定的で「それは難しい。米空軍や主開発の米ロッキード・マーチン社の協力が不可欠になるでしょう」。

前述したように、事故機は三菱重工小牧南工場で組み立てられた初号機。しかし「日本は単に組み立てただけで米側から部品の詳細までは知らされていない」（防衛省幹部）という極めて制限された状況の中で調達されたものだった。これを受けて、ある航空専門家はこう言い放った。

「事故原因を究明すると言っても、米側に協力を求めざるを得ないのは自明の理で、軍事機密を理由に解析の場面から日本側が外される可能性すらあります。日本以外でＦ35Ａが墜落していない以上、事故原因が日本に押しつけられる可能性すら考えられます」

ヒューマンエラーが原因か

墜落海域は水深1500メートルと深い上に、北からの親潮（千島海流）や津軽海峡から流れ込む対馬海流、そして季節によっては南からの黒潮（日本海流）が交錯する複雑な海域。

当然、海流に機体が流されている可能性も懸念されたが、取材に対して海自関係者の多くは「海流は表層を流れているので海底の捜索には大きな影響はないでしょう。得てして、海流の潮目はソナー探知の障害となりますが、今回はそれほどでもないのでは」と説明した。

墜落から2か月を迎えようとする6月3日、防衛省は捜索を打ち切るとともに、

F35A墜落事故後の捜索などの動き

4月9日夜	太平洋上で訓練中のF35Aがレーダーから消える。空自の救難機、海上自衛隊や海上保安庁の巡視船が捜索を開始
10日	「左右の尾翼の一部を回収。墜落と断定」（岩屋毅防衛相）
11日	空自が操縦士の氏名を細見彰里3等空佐と公表。防衛省、墜落機が2017年と18年に飛行中の不具合で緊急着陸していたことを明らかに。16日には三沢基地配備の5機が計7回、緊急着陸していたと公表
25日	海洋研究開発機構の海底広域研究船「かいめい」が捜索活動に着手
29日	米軍が派遣した深海作業支援船「ファン・ゴッホ」が海底捜索を開始
5月7日	「フライトレコーダー（飛行記録装置）の一部が見つかったが、メモリーは発見されず」（防衛相）
9日	「ファン・ゴッホの活動終了。かいめいは8日で活動を終えた」（防衛相）
17日	丸茂吉成航空幕僚長が、安全確保に必要な範囲で事故原因が推定できれば「飛行再開の判断はあり得る」との認識を示す
28日	「主翼とエンジンの一部を発見、引き揚げた」（防衛相）
31日	「（緊急着陸時に用いる）フックや、空中給油の給油口の一部が新たに見つかった」（防衛相）
6月3日	防衛省が原因究明のための現場海域での集中的な捜索、引き揚げ活動を打ち切り
7日	防衛相が操縦士の死亡を確認したと公表
10日	空自が中間報告を公表し、県や三沢市などに説明。操縦士が「空間識失調」に陥り墜落した可能性が高い－とした

事故で中止していたF35Aの昼間飛行訓練を再開する意向を示した。操縦士である細見3佐の死亡が確認されたものの、原因究明の鍵を握るフライトレコーダーのメモリー（記録媒体）が見つからない状況での捜索打ち切りと飛行再開だった。

肝心の事故原因として考えられるのは何なのか？　取材した関係者の証言から浮かび上がったのはヒューマンエラーの可能性だった。

捜索打ち切りまでに発見・回収されたものをまとめてみる。主翼のほか水平尾翼、緊急着陸時に用いる機体尾部のフック、空中給油用の給油口、エンジン、車輪のホイールなどで、いずれも各部品のごく一部にすぎず、海底に破片となって散在している状況だった。機体はかなりの高速で海面に衝突したことによって、ほとんどばらばらになった状態で海底に沈下したのではないか――という専門家らの当初の分析が裏付けられた形だった。

肝心のフライトレコーダーも引き揚げられたものの、同じく一部にすぎす、飛行中の高度や進行方向などの航跡を記録したメモリーそのものは含まれていなかった。

このため、フライトレコーダーに代わる事故分析の切り札として防衛省が期待を寄せたのが、MADL（マドル）と呼ばれるF35A独自のシステムだった。情報を機体間でリアルタイムで共有できるデータリンク機能で、訓練をともにしていた僚機に残された「MADLのデータと地上レーダーなど各種の記録から調査を進めている」と岩屋防衛相も強調していた。

事故発生時、細見3佐機は編隊長として僚機3機と戦闘訓練を行なっていたが、MADLによって互いの位置を把握し合っていた。だから、このデータを解析することで事故機の高度や速度、進行方向などをかなりの精度でつかむことができるのだという。MADLに残された航跡データと訓練時の交信内容を突き合わせることによって、墜落直前の操縦士や機体の状態もある程度再現することが可能である。

注目すべきは、事故機のMADLがレーダーから消えた後も機能していて、データを僚機に送信できていたという点だった。防衛省幹部は「MADLが生きていたということは、墜落直前まで事故機の電気系統に大きな異常がなく、電源を供給するエンジンも動いていたことを意味します。つまり、機体に異常はなかったという結論になるのです」とした。

元空自パイロットのひとりは取材に対して「もし、機体トラブルだったら、操縦士は緊急脱出する時間的余裕があったはず。ところが今回は違った」と故障の可能性を否定した。

機体トラブルでない場合に浮上するのが、前述のようにヒューマンエラーの可能性である。防衛省の事故調査でもヒューマンエラーの方向で結論付けられる可能性が高いというのが、多くの軍事専門家の見方だった。それは事故に対する米国側の対応からも推測できるという。

「米軍とロッキード・マーチン社は三沢基地で事故が起きたにもかかわらず、F35Aの飛行停止指示を出していません。ということは、機体トラブルが原因とみなしていないことの間接的

証明ではないでしょうか」（航空専門家）

確かに、F35シリーズで初の墜落事故となった2018年9月のケース（海兵隊仕様のB型がエンジントラブルで米本土で墜落）では、米軍は自国はもちろん同盟国が保有するすべてのF35について、検査のための一時飛行停止措置を取った。この中には三沢のF35Aも含まれたが、今回は対応が異なった。

ヒューマンエラーの場合に大きな可能性として考えられるのが、操縦士が一時的に平衡感覚を失う空間識失調である。さらには急な発病と整備関係上のミスなど。

「空間識失調は誰にでも起き得る現象。たとえベテランパイロットがふだん飛び慣れた機体に乗ったとしても発生します。空と海の見分けがつきづらい夜間だけではなく昼でも雲に入ったりすると起きることがあります」とは、前出の元空自パイロットの説明である。

操縦士が空間識失調になったり、機体が失速・スピンするなどの危険状態に陥った時のために、F35は緊急回復装置（通称パニックボタン）を装備している。スイッチを押すだけで機体を自動的に安定した水平飛行に戻す仕組みだが、自衛隊は着陸時のリスクなどを考慮して事故機に導入していなかった。

このように軍事専門家の多くが示唆するヒューマンエラーの可能性。これについて文谷は次のように話す。

「Ｆ35は初飛行から13年が過ぎているのに、墜落事故そのものは今回が2件目にすぎず、パイロットが死亡に至ったケースは三沢が初めてです。Ｆ35は世界で３００機以上が運用されながら、本質的な問題はまだ発生していないので、単純に欠陥機として捉え難いところがあります。総合的に考えると、やはりヒューマンエラーが最もあり得る要素ではないでしょうか。防衛省にとってもそれが一番落ち着く結果なのではないですか」

原因は「空間識失調」

こうした内容の記事を新聞紙上で書き続けていたところ防衛省は6月10日、事故原因について操縦士の「空間識失調」、つまりヒューマンエラーの可能性が高いとする中間報告を発表した。コンピューターの塊と評されるハイテク機の最先端技術をもってしても空間識失調は防げなかったということなのか。

というのは、実はＦ35Ａの特長の一つが空間識失調に陥りにくいことだった。主開発社のロッキード・マーチン社もそれを売り文句にし、その根拠にＥＯ－ＤＡＳと呼ばれる自慢の全周回視界装置を挙げていた。

ＥＯ－ＤＡＳは赤外線センサーの一種で、機体周囲を一瞬にして見渡すことができる画期的なシステムである。夜間や雲の中でも、空と海または陸の区別がつけやすいことから、空間識失調を回避できるメリットがあるとされていた。

さらにF35Aには、機体が海面や地面に突っ込みそうになった時、操縦士に警報を発する衝突回避支援装置が付いているが、今回のケースで両システムがともに十分に機能したのか、有効性が不明だった。「ヒューマンエラー」の一言で済ませられない問題を秘めていた。

どんなベテランパイロットでさえ陥るとされる空間識失調。この操縦上の難問を解消するため、米軍は衝突回避支援装置に自動回避動作を加えたAuto－GCAS（オート・ジーキャス）と呼ばれる新装置の導入を決めている。

図らずも空自三沢基地での墜落事故は、F35が極めて政治的な存在である事実も浮き彫りにした。例えば、事故直後の2019年5月に訪日したトランプ米大統領は、墜落原因が未解明な状況にもかかわらず「日本は同盟国の中で最大規模のF35保有国になる」と謝意を表し、前年末の閣議決定で105機の追加購入を決めた安倍晋三首相を援護射撃した。

これに応える形で、安倍首相は護衛艦「いずも」「かが」の事実上の空母化と、両艦へ搭載するF35B（A型を改良した艦載タイプ）の導入を明言した。繰り返すが、いずれも三沢沖での墜落事故の原因が明らかになっていない段階での発言と行動で違和感は否めなかった。対日貿易赤字の解消を強く求めるトランプ大統領と、同盟関係のさらなる強化を図りたい安倍首相の思惑が透けて見えた。

トランプ大統領が指摘するように、日本は将来的に計147機に上るF35を配備する方針だ。米国に次ぐヘビーユーザーぶりで調達総額は2兆円に迫る。事故原因がどうあれ、はじめにF35配備計画ありきだったのではないか、そう疑われてもしかたがない日米首脳の言動であった。

米国からの戦闘機導入に際して、日本はこれまで「国内生産技術の維持」を理由にライセンス生産にこだわっていた。しかしF35に限っては機体単価が上昇したことから、完全輸入に切り替える予定で進んでいた。

これに対して「直輸入ではブラックボックスだらけで技術的に日本側に利益がない。何より、1000億円以上かけて構築した生産ラインが無駄になるのではないか」と国内メーカーはもちろん、空自内部からも疑問と不満の声が上がっている。

F35Aとしては世界初の墜落事故となった2019年の三沢のケースだが「過去の事故例と違って、さまざきな面で官邸の政治判断が優先した」と、防衛省幹部はF35の政治的特殊性を強調する。「事故にかかわらず今後の配備計画に大きな変更はないでしょう」とも。

軍事研究家の文谷は「空自はF35の圧倒的な空中戦闘力で制空権を確保したいと考えているようですが、仮想敵国の中国はそう考えていません。対費用効果の点で、もう少し機数や使い道を考え直した方がいいのではないでしょうか」と提言する。

長期的ビジョンで日本の防衛を考えた場合、現段階でのＦ35購入に軍事的合理性はあるのか、政府が主張するほど大量に必要なのか、そもそも価格に匹敵するほど優秀な戦闘機なのか。一歩立ち止まって、再考する余地があるのではないだろうか。

こうした疑問の数々を、私は7月30日付の東奥日報紙面で次のように大型解説記事としてまとめた。見出しは「『早すぎる』専門家ら疑問」。事故から4か月が過ぎようとしていた。少し長くなるが、取材に奔走していた当時の思いが詰まっているので、あえて全文のまま掲載したい。

空自三沢基地の最新鋭ステルス戦闘機Ｆ35Ａの飛行再開が、７月29日の青森県容認によって本決まりとなった。４月９日の事故発生から４カ月足らず。地元の三沢市がすでに受け入れの考えを示していただけに、防衛省としては既定路線なのだろうが、Ｆ35Ａとしては世界初の墜落事故。しかも、日米による前代未聞の大規模な捜索・回収作業が展開された経緯があるだけに、関係者からは「まだ早すぎるのではないか」という疑問の声が上がっている。

なぜ早いのか？　それは事故原因が特定されていないからだ。確かに、防衛省はＭＡＤＬ（マドル）と呼ばれるデータリンクシステムを通して僚機に残された情報などから「操縦士の空間識失調の可能性が高い」と墜落原因を分析した。

しかし、これはあくまでも中間報告段階での〝可能性〟にすぎず、軍事専門家はもちろん政府、与党内部でも「本当に空間識失調なのか」「F35特有の現象なのではないか」という懐疑的な声がいまだに根強い。

過去の例を見ると、原因が特定され最終報告書としてまとめられるまでには長期間を要する。そのため、ある一定期間が過ぎると飛行再開に踏み切ることが通例となっている。操縦士の技量低下を恐れるとともに「緊迫した国際情勢の中、防衛に空白をつくれない」（空自関係者）からだ。

実際、岩屋毅防衛相は6月4日の時点で「これ以上原因究明につながる材料は出てこないと判断した」と説明。近く飛行再開に踏み切ることを明言していた。こうした防衛省側の理屈はある程度理解できるものの世界初の、それも発展途上にある最新鋭機の重大事故の意味は重い。今後も調査作業を継続することで真の原因特定に至ってほしい。

例えば、防衛省が「主原因の可能性が高い」と挙げる空間識失調。操縦士なら誰もが陥る現象とされるが、自民党防衛族が指摘するようにハイテク機ゆえということはないのか。

コンピューターの塊と称されるF35は従来の戦闘機とはシステム的にかなり異なる。事故機の操縦士は3200時間の飛行歴を持つベテランだが、F4という1960年代に実用化された2世代も前の旧型戦闘機からの転換訓練中だった。

第3世代のF4戦闘機と第5世代のF35戦闘機の性能差は歴然で、航空専門家は「黒電話とスマートフォンくらいの違いがある」と表現する。操縦士が最新テクノロジーへの適応に振り回されていた可能性はないのか。防衛省もメーカーも傷付かない「人的ミス」の一言で済ますことなく、さらなる視点からの精査・分析が必要なのは言うまでもない。それが今後の事故の未然防止にもつながるだろう。

今回の事故をウオッチしている元海自幹部で軍事研究家の文谷数重さんは「F35は製品として熟成が足りない部分があるのではないか」と語る。「ガラケーからスマホ、マニュアル車からオートマチック車へと、ある製品が劇的に進化する過程で生じる不具合、過渡期の問題を抱えているような気がする」とも。

米オンライン軍事紙「ディフェンス・ニュース」は6月12日付で、F35の「欠陥」が10件以上ある—と報じた。操縦席の与圧や寒冷地でのバッテリーの不具合、激しい機動を行った際に生じる機首の予期せぬ動き、特殊ヘルメットのディスプレーの不良などだ。この指摘に対して、主開発社のロッキード・マーチンなどは多くは解決済みか緩和予定だと答えている。

しかし、米軍は一部について「解決までに時間を要する」としており、文谷さんが指摘するように、同機が熟成するまでになお時間を要するのは事実だ。

どんな兵器でも不具合を克服し続けることで戦力化に至る。米空軍とロッキード・マーチン社は7月24日、F35AについてAuto－GCASと呼ばれる自動衝突回避システムの導入開始を公表した。背景に三沢の墜落事故が存在するのはほぼ確実で、今回の事故に対する米国側の〝回答〟なのかもしれない。

地上配備型迎撃システム「イージス・アショア」の配備を巡って失態を繰り返した防衛省に対して、国民の信頼が大きく揺らいでいる。それは先の参院選にも投票結果となって表れた。そんな厳しい時だからこそ、三沢を拠点に進むF35配備計画について、同省には慎重で真摯な取り組みが求められる。それが信頼回復への近道だろう。

防衛省は最終調査結果を8月9日に明らかにした。結論は中間報告と同じ「操縦士の空間識失調」。そして、事故後に見合わせていた夜間飛行訓練の再開に踏み切った。9月17日のことである。事故から5か月が過ぎていた。

陸自部隊配備をめぐる与那国島の動き

年代	出来事
２００５	与那国町が「国境交流特区」申請も政府が不可の決定
２００７	与那国町「在花蓮市（台湾）連絡事務所」開設。「強化両市国境交流議定書」締結
２００８	与那国防衛協会が「自衛隊誘致に関する趣意書」を作成し署名活動し、町長と町議会へ自衛隊誘致要請
２０１０	東シナ海で中国海軍の行動活発化。対空訓練中の中国駆逐艦が海自哨戒機に照準合わせる
２０１１	防衛省が与那国に陸自沿岸監視隊配備の方針／与那国改革会議が自衛隊誘致決議の撤回と誘致活動中止を求める署名（５５６人）を町長と町議会に提出
２０１２	石原慎太郎東京都知事が尖閣諸島買い取りの意向表明／北朝鮮ミサイル発射に備え防衛省が石垣、与那国島などの先島諸島に陸自隊員を緊急配置。与那国は40人／中国海軍艦艇７隻が与那国と西表島の間の接続水域を初航行
２０１４	与那国町と沖縄防衛局が町有地賃貸契約（年間１５００万円）／小中学校の給食費が無料に／陸自与那国駐屯地が着工
２０１５	住民投票実施（投票率85・74％） 基地賛成　６３２票（58・７％） 基地反対　４４５票（41・３％）
２０１６	陸自与那国駐屯地が運用開始（隊員１７０人、家族90人）
２０１８	天皇・皇后両陛下が与那国島をご訪問／与那国南方海域で中国海軍空母「遼寧」が艦載機発着艦訓練
２０２１	山崎幸二統合幕僚長と米インド太平洋軍のアキリーノ司令官が与那国視察
２０２２	空母「遼寧」など中国海軍機動部隊８隻が宮古島から石垣島、与那国島にかけての南方海域で発着艦訓練 ロシア艦３隻が与那国島・西表島間を北上

三沢基地の歴史

年代	出来事
1942	三沢海軍航空隊開隊。一式陸攻27機で編成
1945	米軍が三沢海軍航空基地を接収
1954	空自北部訓練航空警戒隊移駐
1971	空自が第81航空隊設置（機種はF86戦闘機）
1992	人工衛星追跡用の第3DSTS（宇宙監視施設隊）を米軍三沢基地で編成
1994	米朝危機でF16（13機）が韓国へ緊急派遣
1996	イラク飛行禁止空域の監視活動に三沢のF16参加（12機）
1998	北朝鮮がテポドン1号を発射し青森県沖太平洋に落下（テポドンショック）
1999	空自三沢が米領グアムの日米共同訓練に初参加（E2C早期警戒機）
2002	米太平洋軍司令官が三沢F16がアフガンで作戦参加したことを公表
2003	三沢のF16がイラク空爆に参加
2007	「イラクの自由作戦」のためF16が12機イラクへ出発／空自三沢のF2戦闘機がグアムの日米共同訓練に初参加
2011	野中広務元官房長官が青森市で「コーエン米国防長官からテポドンは三沢基地を狙っていたと聞かされた」と発言
2012	米空軍の大型無人偵察機グローバルホークの一時配備開始
2015	米太平洋軍司令官が過激武装組織（IS）に対する三沢F16の空爆明らかに
2016	空自が初の日英共同訓練を三沢で実施
2017	北朝鮮の弾道ミサイル発射を受け米戦略爆撃機B1がグアムから飛来
2018	空自がステルス戦闘機F35Aの配備開始
2019	F35A第302飛行隊発足（12機） F35Aが三沢沖に墜落（操縦士1人死亡）
2022	空自が大型無人偵察機グローバルホーク部隊として「偵察航空隊」立ち上げ
2023	F35A本格的な運用開始

第14章

これでいいのか？貧しい県が支える国防

⬇米軍基地の面積がもっとも多い沖縄県。そして米軍基地に加えて陸海空すべての自衛隊が揃う青森県。基地はなぜ貧しい地方に集中するのか？

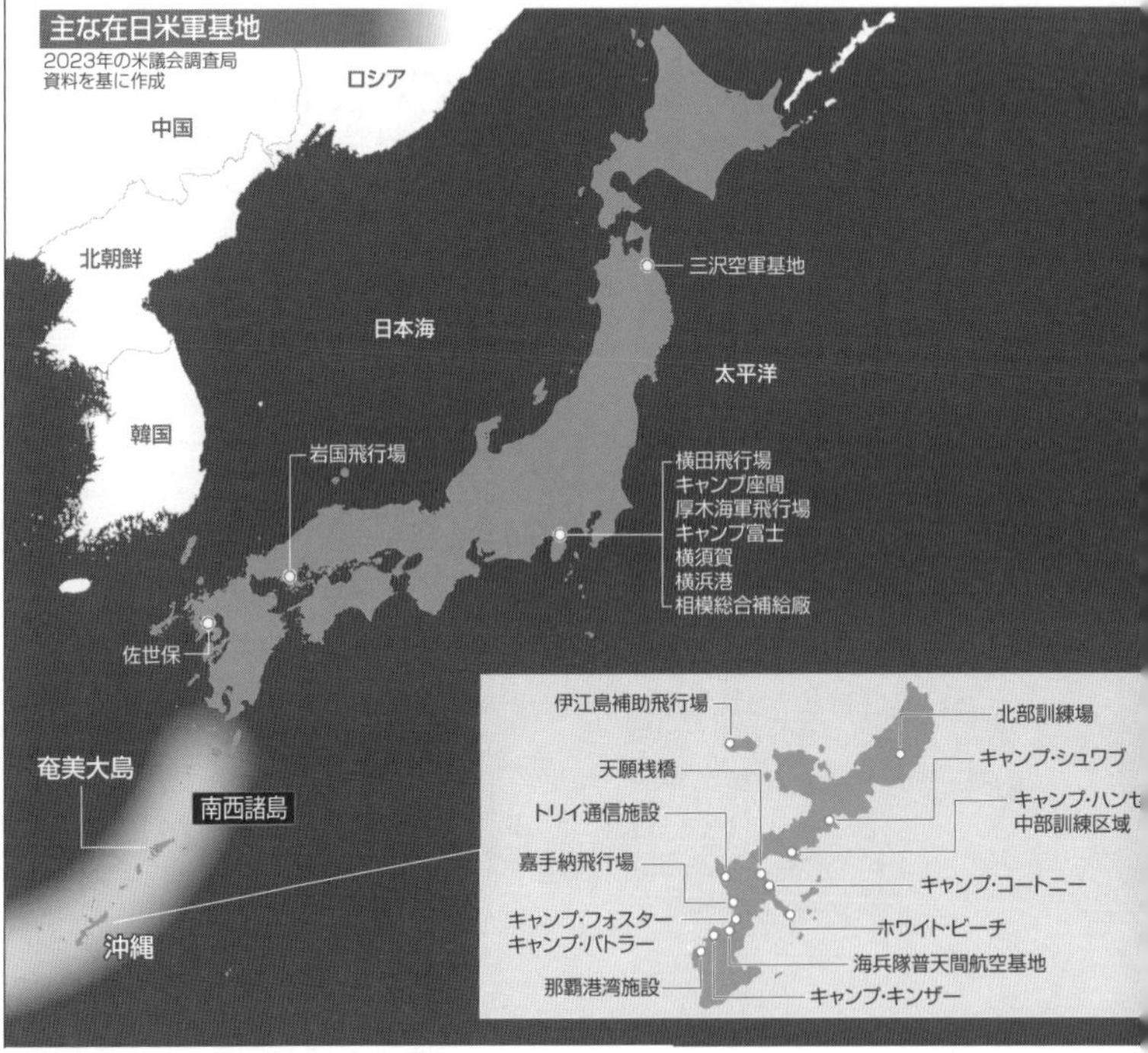

八戸から奄美へ配置転換　離島に光と影

「絶滅危惧種アマミノクロウサギ生息地域」

そんな道路標識が続く山道を車で駆け上がる。亜熱帯特有の深い緑に彩られた原生林の中をひたすら進む。くねくねつづら折り。車酔いする人なら一発でダウンしそうなコースである。標高360メートルの網野子《あみのこ》峠を越えて間もなく、その基地は姿を見せた。

陸上自衛隊瀬戸内《せとうち》分屯地（隊員約210人）。九州と沖縄本島の中間に位置する鹿児島県奄美大島、その中心地の奄美市名瀬から南へ30キロ余り、車で1時間ほどの瀬戸内町にある。

「ご案内しましょう。基地内はなかなか見ることができないんですよ」

奄美警備隊広報班長の田中裕二准尉が言う。

鹿児島県の大隅半島から日本最西端である沖縄県与那国島まで全長1200キロに及ぶ南西諸島。その防御強化策である南西シフトの一環として、奄美に陸自部隊が新設されたのは2019年3月のことだ。北部の奄美駐屯地（奄美市）に航空機を狙う地対空ミサイル部隊が、南部の瀬戸内分屯地（瀬戸内町）に艦艇を迎え撃つ地対艦ミサイル部隊（第301地対艦ミサイル中隊）が配置された。

田中准尉の車に先導される形で基地内へ。後ろには警備・保安を担当する警務隊の車両が続く。国内外で多くの基地取材を重ねてきたが、警務隊にガードされるのは初めての体験だ。物々しい態勢に緊張する。

お目当てのものは目の前にあった。第301地対艦ミサイル中隊が装備する、車両搭載型の12式地対艦誘導弾（12SSM）である。8輪式の大型トラックを改造した発射機1基に、射程200キロ以上の誘導ミサイル6発を搭載する。

「瀬戸内分屯地にはこれが4基配備されています。具体的な数値までは言えませんが、仰角は旧型の88式地対艦誘導弾に比べて2倍あります」とは中隊幹部である2等陸尉の説明だ。大きな仰角を持つということは、より遠くまでミサイルを撃てることを意味する。

また発射機4基を持つということは24発の地対艦ミサイルを一度に放つことができる計算だ。これに予備ミサイルを加えるとかなりの打撃力となる。12式地対艦誘導弾は有事の際、深い山中を利用して頻繁に移動を続け発射を繰り返す。自らの位置を隠し、敵の反撃を受けないためにである。

すでに第2章で紹介しているが、じつはこの第301地対艦ミサイル中隊は、青森県の陸自八戸駐屯地の中核部隊である第4地対艦ミサイル連隊をルーツに持つ部隊でもある。

第4地対艦ミサイル連隊は4個中隊で編成されていたが、そのうちの2個中隊が廃止・再編成され、ひとつが2019年3月に奄美大島へ、そしてもうひとつが2023年3月に石垣島

（第303地対艦ミサイル中隊）へと配備された。仮想敵・中国を見据えて主要部隊を北から南へ。まさに「南西シフト」の典型例といえる。

「この中隊のルーツが、はるか北の青森だと知っていますか」

そう尋ねると、熊本県出身だという2等陸尉は「もちろん知っています。ただし今では隊員の8割は九州と沖縄出身者に替わりました」と答えた。

「国防の空白地帯を埋める」をかけ声に、2016年の与那国沿岸監視隊を皮切りに始まった南西シフトが2023年3月の石垣駐屯地開設で一段落した。南西諸島を要塞化する一大戦略は、ある問題も浮き彫りにしている。それは基地と経済。基地は地元にどのような影響を与えているのか。経済効果をキーワードに奄美大島、沖縄本島、そして三沢を見る。

過疎の島に最新兵器が次々　自衛隊依存進む地元経済――奄美大島

「南西諸島の一部である奄美での訓練は非常に重要だ」

2022年9月9日の東京都内。米太平洋陸軍司令官のチャールズ・フリン大将は日米メディアの取材に応じてそう語った。

フリン司令官は前日、奄美大島の陸自ミサイル部隊を視察。それを受けての質問であり回答であった。フリン司令官は台湾海峡周辺で行なわれた中国の軍事演習を批判したうえで、日米両国には南西諸島を防衛する「能力と体制が整っている」と語り、日米同盟の有事への備えに自信を示したのが印象的だった。

奄美での訓練は重要――。フリン司令官のその言葉を裏付けるように奄美大島での日米共同訓練はこれまで5回行なわれ、うち4回は2022年度に集中している。南西諸島の中で最も早く地対艦ミサイル部隊が配備（2019年）されたこともあるが、それはそのまま戦略的要衝であることの裏返しでもある。

「問題はそうした事実の多くを島民が知らないことにあります。陸自の奄美駐屯地には地対空ミサイル、瀬戸内分屯地には地対艦ミサイルが配備されているのですが、大半はその事実を知らないし、無関心の人さえいます。国がことさら強調している『中国の脅威』すらも浸透していないのではないでしょうか」

そう説明するのは、現地事情に詳しいメディア関係者だ。

奄美大島で取材を重ねるうちに気付いたのは装備の実態を知らず、それゆえ陸自を島を守る災害救助隊かのように受け止めている人が多く見受けられることだった。それは2011年の奄美南部豪雨で自衛隊が災害対応に活躍したことと無縁ではない。

加えて、陸自受け入れに当たって島民の関心の多くが人口増や税収増といった地域振興に向けられたこともある。実際にそれは期待通りプラスの数字となって表れており、奄美駐屯地（隊員約420人）が立地する奄美市の場合は顕著だ。

「隊員増に伴って普通交付税が約1億1000万円、住民税が6700万円増加しました。基地交付金も2022年度は1300万円です。2022年度には防衛施設周辺対策事業として初めて『奄美大島食肉センター』の移転新築工事が採択され、総事業費約10億円のうち約6億円が補助となります。隊員の家族もいるので地元経済への恩恵は確かにあります」（奄美市総務課防災危機管理室）

奄美市が陸自受け入れを決めたのは2014年。当時、奄美市議会議長だった向井俊夫（73）は経緯について次のように説明する。向井は観光を中心に広く事業を営む地元経済界の重鎮である。

「奄美大島には5市町村ありますが、総人口は6万人を切っています。そこにふたつの駐屯地で計620人が増えたわけで家族を含めると1000人。これは過疎に苦しむ離島にとって大きな数字です。経済効果としては基地建設関連が大きかったです。本体工事は大手ゼネコンで地元は主に下請けの形でしたが、作業員が足りなくて本土から集めたくらい。関係者の宿泊・滞在需要も多くてこちらも足りませんでした」

「陸自の誘致に当たっては瀬戸内町が先行し、われわれ奄美市議団がそれに続いた形です。ここは国境の離島。もし、尖閣諸島や竹島のように無人の島になってしまえば、外国から強い圧力がかかることになります。島民が住み続けることで国土保全という役割も担っていることを知ってほしいのです」

積極的に誘致活動を展開した瀬戸内町の人口は８４００人。終戦後２万６０００人からの急減で典型的な過疎地といえる。

「町にはもともと海自施設があったが、自衛隊員のさらなる増加は悲願で反対者はいなかった」と地元町議らは振り返る。

市役所の説明にあるように、奄美市は防衛関連だけで毎年約2億円の歳入を見込む。一方で、自衛隊に依存する経済構造はひずみを招きかねず「自立の機運が損なわれる」と危惧する市民もいるが「そんな意見は賛成派の声にかき消されてしまう」（市内の60代女性）のだという。

こうした状況の中で、瀬戸内分屯地の主要装備である12式地対艦誘導弾は、射程を現行から5倍以上の１０００～１５００キロに延ばす開発が着々と進んでいる。２０２２年末の閣議決定で認められた反撃能力（敵基地攻撃能力）を実現するためで、瀬戸内にそのまま配備されれば台湾や中国沿岸部がすっぽり射程に入る計算だ。

「この島がそんな反撃能力の中心になる可能性があるなんて多くの人が知らないと思います。同じ南西諸島にありながら、過去に激しい地上戦があって軍の存在に対して敏感な沖縄と奄美大島は歴史的背景が違うこともあります」と話すのは、奄美市の繁華街・入舟町で15年にわたって飲食店を営む西田清勝（48）だ。

西田は基地に伴う一定の経済効果を認めながらも「一過性ではないか」とし、奄美が誇る自然との共存に疑問を投げかける。

「地対艦ミサイル部隊がある瀬戸内分屯地では、山をくりぬいて大型弾薬庫を造ったと聞いています。弾薬庫は最終的に5つ造られ、近くの古仁屋《こにや》港は補給・輸送の拠点になるとも。奄美が世界自然遺産に登録されたのが2年前です。ということは、自然遺産と最新兵器の導入が同時進行していたわけで違和感を覚えます。自然とともに生きるのが奄美のスタイルなのに。いつの間にこんなに変わったのか……。そんな気持ちです」

地域振興を自力で探る時期　防衛予算の恩恵は「点滴」――沖縄

「基地は貧しい所にやって来る」。そう語る軍事専門家が多い。

本当にそうなのだろうか？　まずは左ページの表①②を見てほしい。自衛隊・在日米軍の土地面積と施設数について都道府県別にまとめてみた。

いずれも防衛省資料などを基にしているが、青森は自衛隊面積で全国6位で在日米軍は2位。対して沖縄は米軍でトップに立つものの自衛隊では28位にとどまる。これは1972年まで米軍施政下にあったことが大きい。

表①自衛隊施設（2002年）

	土地面積（千m²）	施設数（順位）	建物面積（千m²）（順位）
1 北海道	454,958	390 (1)	2,818 (1)
2 静岡	94,441	84 (7)	695 (8)
3 大分	59,022	53	167
4 宮城	57,138	46	545 (10)
5 山梨	46,797	15	38
6 青森	38,565	83 (9)	831 (5)
7 滋賀	27,155	22	108
8 岩手	23,943	24	87
9 岡山	23,232	27	80
10 福島	22,620	28	155
⋮	⋮	⋮	⋮
28 沖縄	6,370	35 (26)	515 (13)

表②在日米軍施設・区域（2018年）

	土地面積（千m²）	施設・区域数（順位）	全面積に占める割合（%）	都道府県内で占める割合（%）
1 沖縄	186,092	31 (1)	70.60	8.16
2 青森	23,743	4 (6)	9.01	0.25
3 神奈川	14,744	11 (2)	5.59	0.61
4 東京	13,202	7 (4)	5.01	0.60
5 山口	7,914	2 (8)	3.00	0.13
6 長崎	4,686	10 (3)	1.78	0.11
7 北海道	4,274	1 (9)	1.62	0.01
8 広島	3,539	6 (5)	1.34	0.04
9 千葉	2,095	1 (9)	0.79	0.04
10 埼玉	2,033	4 (6)	0.77	0.05

表③青森と沖縄の経済水準比較（各種資料を基に作成）

指標	青森	沖縄	全国平均
人口（2022年）	120万4千人（全国31位）	146万9千人（全国25位）	
歳入（2010年）	7430億円（24位）	6473億円（31位）	
1人当たり県民所得（2011年）	233万3千円（41位）	201万8千円（47位）	291万5千円
平均年収（2021年）	364万円（39位）	336万円（47位）	1位東京は438万円
貯蓄（2004年）	1090万円（44位）	507万円（47位）	
完全失業率（2010年）	8.98%（2位）	11.02%（1位）	6.51%
生活保護受給率（2018年）	2.33%（6位）	2.53%（4位）	1位大阪府は3.18%
持ち家率（2018年）	70.3%（14位）	44.4%（47位）	61.2%
ノート型パソコン保有率（2014年）	40.7%（47位）	41.0%（46位）	55.2%
大学進学率（2021年）	49.4%（32位）	40.8%（47位）	1位京都府は69.8%
学力学習状況調査（小学6年、2022年）	5位	44位	
地方議会の女性議員比率（2021年）	8.0%（47位）	10.2%（35位）	14.0%
自殺率（10万人当たり）（2013年）	23.76人（8位）	18.92人（44位）	21.06人
幸福度（日本総合研究所、2022年）	45位	44位	1位は福井県

また、北海道や静岡、大分、宮城、山梨が自衛隊面積で上位を占めるのは広大な演習場を抱えているためだ。ちなみに自衛隊と米軍双方でトップ10に入っているのは青森と北海道のみ。基地の重要度を加味して、青森が沖縄と並んで「基地県」と呼ばれるゆえんである。

次に、青森と沖縄の経済水準を見てみよう（表③）。少し古いデータも入っているが便宜上、比較するためなのでご理解いただきたい。分かりやすいのがひとり当たりの県民所得と平均年収、貯蓄。沖縄はいずれも全国最下位で、青森県も41、39、44位と下から数えた方が早い。

こうした数値を反映した結果なのか、完全失業率で沖縄県と青森県はワーストの1、2位を占める。生活保護受給率もともに上位。必然的に幸福度も低いという結論に落ち着く。基地は貧しい所に――という軍事専門家らの分析はあながち外れていないことが分かる。

経済的に厳しいからこそ、より一層基地に依存する。そんな地方の、ひいては日本そのものの体質を見直す必要があるのではないか。そう提言するのは沖縄国際大学（宜野湾市）で教壇に立つ前泊博盛教授（62）だ。

沖縄経済論が専門の前泊教授は、2023年2月に開かれた衆院予算委員会中央公聴会で有識者代表として発言した、基地と経済問題のスペシャリストであり、その彼が注目するのは米軍基地の潜在的経済効果だ。

「沖縄の場合、中心部に米軍基地があり発展の阻害になってきました。それを明らかにするため基地があることで生じる収入と、基地外の純生産額を1ヘクタール当たりで比較してみたんです。そうしたら7倍以上も違うじゃないですか。もはや基地に依存する時代は終わっているということです」

経済効果に7倍もの格差があったのは、自身が勤める沖縄国際大学があり「世界で最も危険な基地」と称される海兵隊普天間基地を抱える宜野湾市。基地関連の歳入や軍用地料などの収入が1ヘクタール当たり2071万円だったのに対して、フェンス外の民間生産額は1億4579万円に上った（2017年実績）。隣の浦添市に至っては10・9倍。基地より民間の経済効果が大きいことを示していた。

実際に返還された基地の後利用がそれを裏付けている。例えば北谷町《ちゃたんちょう》。1981年に返還された飛行場と射撃訓練場を商業・観光施設に転用することで新規雇用5800人が生まれ、経済波及効果は2100億円を超えた。予想をはるかに上回る経済効果は、北谷町役場自身も驚く結果だったという。

交付金など基地に依存する地方経済を、前泊教授は「点滴経済」と表現する。

「もらって飲んだ時には一時的に元気になります。だからといって毎日飲み続けるのか。点滴に頼り続けると、そのうちに寝たきりになってしまう。働けるうちに自分の稼いだお金で肉や野菜を買って、体力をつけた方がいいに決まっています。つまりは自力の地域振興です。しかし、沖縄では知事や市長が『基地はいらない』と言うと、一般予算が削られ防衛予算が増額されてしまう。防衛予算に依存しないとやっていけないような予算の組み方をするのが、この国のいやらしさです」

政府予算に揺さぶられることなく民間経済を強化し、財政依存度をいかに減少させるか。自立経済への転換を目指す沖縄が取り組もうとしているのが健康や環境、研究、教育、金融、交通、交易などに力を入れる「新10K経済」だ。

「軍事基地を経済基地に変える発想の転換も大事です。嘉手納基地に2本ある滑走路の1本を軍民共用化し、国際見本市やコンサート会場、アジアのハブ空港として活用する。軍民共用なら攻撃を受ける可能性も低くなる。狙いは米軍とウィンウィンの関係です」

盛衰は基地とともに　日米の文化溶け合う——三沢

基地との共存共栄——。

そう標榜するのが青森県三沢市。「基地反対」を声高に叫ぶ団体も少なく、同じ基地県でも南西諸島の沖縄とは対照的な雰囲気を醸し出す。

それは戦前には旧海軍、戦後には米軍中心の街づくりが行なわれたから。基地城下町と呼んでもいいのかもしれない。ちなみに市の2022年度一般会計当初予算約260億円のうち、約2割を基地関連の補助金や交付金に頼る。

「基地目当てで集まった人たちが多い街です。経済関係はほとんどそう。基地がないと成り立たないし、米軍はまったく問題ないと思っている。基地が嫌な人はいないし、そもそも嫌な人はやって来ない。そこが沖縄とは違う点かもしれない。ある意味で特殊な街です」

そう話すのは、三沢市内で製麺業を営む佐藤一美（89）だ。

青森県南部の三戸町出身だが１９５２年、18歳の時に三沢に移り2年後に現在の丸美屋製麺工場を興した。朝鮮戦争特需の影響で「売れて売れて寝る暇もない」状態が続いたという。基地の発展とともに人生を過ごしてきた。

だから、基地の盛衰も目の当たりにした。主要部隊が本国へ移動したことで、米軍関係者が最盛期の2万人から８０００人に激減した１９６５年、そして現在のF16戦闘機部隊が来た冷戦時の１９８５年も。「米軍は知らず知らずのうちに静かに増える。まるで忍者みたい」と表現する。

佐藤は三沢のソウルフードとして人気を集める「チーズロール」を商品化したことでも知られる。製麺工場のアンテナショップとして１９８７年に開店した「ヌードルハウス丸美屋」（三沢市中央町2丁目）の目玉メニューで、焼きそばとの組み合わせだけで売り上げの8割に上るというからびっくりだ。

それ以上に驚くのは、店の客の9割を米軍関係者が占めることだろう。

「チーズロールは棒状チーズを自家製のギョーザ用の皮で巻いてカリッと揚げたもので、もちもちした皮だからこそ出せる味。10ドルで満足してもらえるようなボリュームと味が米兵たちに受けたのでは」と胸を張る佐藤さん。

店内の壁はそんな米兵が置き土産にしていった米国のナンバープレートであふれる。長男の妻で接客を担当する佐藤麻利（65）は「特に米兵を意識して営業したわけではないけど、結果的に口コミでこうなったという感じです。米国人は明るくて率直で接しやすい。基地は身近な存在なんです」。

米軍兵士の生活をテーマに米国で出版された写真集『A DAY IN THE LIFE OF THE UNITED STATES ARMED FORCES（ある合衆国軍の1日）』（2003年）にも店の様子が大きく紹介され、2022年の市観光ポスターにも使われた。三沢にとどまらず日本を代表する味と捉えられているのである。

「日米の文化がいい意味で混じった街」と麻利。それは若者の目に「おしゃれで暮らしやすい街」に映り、空自・米軍基地のほか、隣接する六ケ所村の原子力関連施設などの雇用と相まって求心力を持つ。

それを裏付ける興味深いデータがある。地元紙（東奥日報）が県内市町村別に試算した若者定着率（2015年）で、それによると三沢が93・1％と首位。2位の六ケ所（83・5％）に10ポイント近い差をつけ、最下位の今別町（20・2％）とは大差である。これも基地がなせる業の一つなのかもしれない。

2023年6月、任期満了に伴う三沢市長選が行なわれた。再選を果たしたのは現職の小桧《こひ》山《やま》吉紀（72）で、重点市施策として掲げた公約の一つが「米軍とのさらなる結び付きの強化」。基地の街ミサワの体質を分かりやすく示していた。

経済の豊かさで守られてきた　戦後78年日本の安全保障

グローバル化が進んだ世界の中で、国家にとっての安全保障とは何でしょうか？

そう尋ねると孫崎享は端的にこう答えた。

「それは経済でしょう」

2019年10月のことだ。孫崎は外務省国際情報局長、イラン大使、防衛大学校教授などを歴任した外交評論家。日本の独自戦略を模索するこの専門家によると、大国同士が経済面で深く結び合えば戦争は起きづらくなるだろう──との見立てだった。目を開かれる思いだった。

孫崎は、中国に対する「抑止力」について軍事的打撃力のみに限定して議論しがちな現代日本の政治的潮流に疑問を持ち、次のように語る。

「抑止力は軍事に限らない。日本が近隣諸国と緊密な経済関係を構築し、相手国の企業、労働者がこの経済関係に死活的利益を見出す状況を築くと、この利益が否定されれば、利益を否定された中国の人々が中国の国内政治で指導部を揺さぶる。日本自らが軍事的な抑止力を発揮するのではなく、中国経済への打撃という迂回手段で、大きな抑止効果を生み出す。（中略）中国指導者にとって、経済的打撃が政権維持のためには極めて大きな危険要素となっている」（『日米同盟の正体』講談社現代新書）

抑止は軍事面のみで達成できるというわけではない、経済分野でも攻撃に伴って得られる利益以上の被害を与えれば相手（中国）はひるむと説くのである。日本という市場を失うことが、中国の体制を揺さぶる状態につながるような経済的依存関係を構築すべきだと。経済活動を含むグローバリズムの深化が戦争抑止につながるということである。

軍事専門家からは「ナイーブな議論」と言われそうだが、算盤上手な中国には確かに効果的な戦略のような気もする。専門家の言う、憎しみを超えた「複合的相互依存関係」である。

その好例が、かつては犬猿の仲にあったドイツとフランスの関係である。第二次世界大戦で明らかなように、陸続きで宗派も違う両国の険悪さは日中関係の比ではない。ところが、欧州石炭鉄鋼共同体条約（1952年）をきっかけに、意識的な努力によって「憎しみ合い」から「協力による実利」へと移行したという。現在のEU、NATOでの親密ぶりはご存じの通りだ。

くしくも２０２３年4月にインタビューした沖縄国際大学の前泊教授も、孫崎と同じ言葉を口にした。経済関係こそが結果的に安全保障につながるのだと。
「戦後78年間、日本が戦争をせずに済んだのは、周辺諸国に豊かな技術と支援を与えてきたからではないですか。物をくれる国とけんかするバカはいません。日本は経済の豊かさで守られてきたんです。軍事だけでは国を守れません」

日本は現在、国内総生産額（ＧＤＰ）でかろうじて3位に踏みとどまっているものの、与える技術も資金も少なくなってきた。自慢だった生産性も落ちてきている。そんな斜陽国が軍事的に対峙しようとしているのが中国にほかならない。２０５０年にはＧＤＰで首位に立つであろうスーパーパワーである。その厳しい現実にあらためて気付かされる。

ある経済メディアの推測によると、２０５０年時の日本のＧＤＰはメキシコより下の8位。アジアでは中国のほかインド、インドネシアが上位に連なる。頼りの米国は3位。２０２２年初頭に始めたこの本の取材中、終始頭をかすめていたのが「日本は今後どうすれば……」という焦りにも似た疑問だった。

そんな問いかけをよそに、取材を通していや応なく突きつけられたのは南西諸島、ひいては日本列島全体が日米によってミサイルの防壁へと変貌させられつつある現実であり、現地の戸惑いにも似た感情だった。対中包囲網と呼ばれる。

究極の私小説『死の棘』で知られる作家の島尾敏雄（1917〜86年）は学徒動員された元海軍士官で、特攻艇「震洋」の隊長として奄美群島で終戦を迎えた。彼は古代さながらの静けさに満ちた自然に魅せられ、そのまま奄美に移住。生と死のはざまで揺れ動く兵士の心を描いて世に出た。

島尾が終生こだわったのは南の島からの視点。戦後日本のありようを奄美から見つめ続け、北海道から最西端の与那国島まで連なる列島を「ヤポネシア」と呼んだ。そして、自身が特攻出撃に備える日々を過ごした奄美についてこう書き残した。

「（特攻）基地は南海の島かげに奥深く眠るが如くに横たわる。……私はどれ程そこに基地の施設などは作らずにいつまでもそのままにそっとして置きたい思いにかられたことか」

そっとしておきたい。島尾はそう願う一方で「日本の歴史の曲がり角では、必ずこの琉球弧の方が騒がしくなる」と将来を憂えもした。そんな島々が最新ミサイルの拠点に変わろうとしている現状を、どのような思いで見つめていることだろう。

かつては米国、今は中国を迎え撃つ使命を担わされ、再び戦いの矢面に立たされようとしている琉球弧＝南西諸島の思いはいかばかりか。ヤポネシアは防波堤であり続けなくてはいけないのか。島尾の言葉を聞いてみたいと思った。

あとがき

まずは、この本の基になった連載の取材行から帰った後、東奥日報に書いた1面コラムを読んでほしい。「天地人」というコーナーである。

太平洋のど真ん中に浮かぶマーシャル諸島共和国から帰り着いた夜のことだ。寒波の中にあった青森市の気温は氷点下4度。マーシャルは31度だったから35度もの温度差ということになる。身も心も震え上がった。

貿易風が吹きつける熱帯気候の孤島。かたや雪かきに追われ閉そく感すら漂う白い街。まさに天国と地獄。神の配剤だとしたら不平等すぎる…なんてことを雪の山の上でスコップ片手につい考えてしまった。

マーシャル行は連載取材の一環だった。南隣のソロモン諸島が突然、中国と安保協定を結び世界を驚かせたのが1年前。東のキリバスも協定を検討中だと聞いた。経済支援をてこに南太平洋進出を図る中国の姿をリアルタイムで捉えたいと思ったのだ。

マーシャルは「宝島」で知られる英国作家スティーブンソンが「太平洋の真珠の首飾り」と感嘆した環礁国家。ラグーン（礁湖）に彩られた楽園を目にしたかったということもあるが、現実はちょっと違った。何が違ったのか。それは楽園など存在しないという厳しい現実だ。

かつては米軍の核実験場であり、今はミサイル防衛の拠点であることの重みと言っていいのかもしれない。国の歳入の半分近くを負担するのは米国。軍事拠点であることへの対価である。基地と経済。雪舞う青森も、緑したたる島国も、基本構造はそんなに変わらないのだと悟った旅でもあった（2023年3月1日）。

マーシャルに限らず、この本のベースとなった大型連載「新冷戦考」の取材で一番苦しめられたのが、じつはコロナ禍であった。

幸い現在は沈静化しているが、取材を始めた2022年1月から1年間、本当に翻弄《ほんろう》された。私自身は感染しなかったものの、青森県から県外、または国外に出て帰って来る度にホテルでの隔離生活を強いられた。コロナに感染しているかどうか見極めるための1週間程度の宿泊だったが、その間のつらいこと、つらいこと。まるで軟禁状態に置かれているようにさえ感じられた。

慣れない土地で、しかも軍事関係ゆえに緊張を強いられるシビアな取材を終えた後なので心からリラックスしたかったのだが、味気ないビジネスホテルではそれもままならない。それなら、大量の取材メモや撮影写真などの整理でもすればいいようなものなのだが、どうしても気が向かない。それは、自分でも気付かないほど心身が〝消耗〟していたせいかもしれない。

新聞記者として暮らして今年で40年を迎える。まえがきでも触れたが、記者生活の多くの日々を基地・防衛問題担当として過ごしてきた。今回の連載取材も慣れたフィールドなのだからそれほど消耗しなくてもいいようなものなのだが、繰り返すようになぜか疲れ果て、それは実際ひどいものだった。

あえて自分の心の内側に目を向けないようにしていたが、本当のところ消耗の原因には薄々気付いていた。「軍事」という摩訶不思議な世界の、それもディープな暗部を垣間見てしまったからかもしれない。特に大きかったのは、このあとがき冒頭のコラムで紹介したマーシャル諸島と奄美大島、そして日本の最西端である与那国島の体験である。それは最終章で取り上げた「基地と経済」の問題でもあった。

与那国取材についても感想をやはりコラムに書いたので、これもまた見てほしい。エメラルド色に輝く日本最西端の水面と対照的に、深く沈む私の心が反映されているように思える。もしかしたら、軽い鬱状態にさえ陥っていたのかもしれない。

「この島には15歳の別れがあります」。テレビの旅番組が伝えていた。沖縄県の南大東島。那覇市から東へ400キロ、太平洋に浮かぶ孤島の切ない現実なのだという。なぜ15歳で家族と別れなくてはいけないのか？　それは高校がないから。進学しようと思ったら沖縄本島に行くしかない。

人口1200人。周囲21キロにすぎない小島の主産業はサトウキビなど農業だ。自然を生かした観光に力を入れているものの限りがあり、高校や大学を出ても受け皿が少ない。ゆえに15歳の別れはそのまま長い別離につながってしまう。

15の別れ。同じ言葉を5月に与那国島でも耳にした。こちらは那覇から西へ500キロ。晴れた日には台湾が見える日本最西端の孤島であり、自衛隊基地建設で揺れる国境の島でもある。

その取材で訪れたのだが、やはり問題になっていたのは高校がなく働き口も少ないこと。基地誘致派の町長が「自衛隊が島活性化の起爆剤となり、将来的に就職先の一つになってくれれば」と語ったのが印象的だった。本県も似たような町村を抱えるだけに複雑な気持ちで聞いた。

防衛問題を長く担当して考えさせられるのは基地と経済の複雑な関係性だ。「貧しい所に

――基地はやって来る」。端的にそう表現する専門家さえいる。15の別れに基地以外の打開策はないのか。むなしいと知りつつ吠えてしまう自分がいる。（２０２２年10月30日）

第3章と第14章でも触れたのだが、端的に言えば基地が地元経済に及ぼす影響である。詳細については本文に書いたのであえて繰り返さないが、第3章の与那国編で記したように基地という圧倒的な存在は地元経済はおろか、地元に古くから伝わる伝承文化にまで影響を及ぼしていた。さすがに、これには驚いた。

そんな記者の驚きと戸惑い、いらだち。さらには、ちょっとした悲しみのようなものを読んだ方に感じていただければ幸いである。本文中では長々と基地や軍事戦略、兵器の詳細など無機質な内容について書き連ねたが、要するにそういうことなのだと今は思う。

連載「新冷戦考」の紙面化に際しては、東奥日報社の菊地幹編集局長を総合プロデューサーに、基本的に取材と執筆は私が担当。整理部の我満幸宏、画像部の菊池徳之、関井力夫らとチームをつくる形で作業を進めた。

具体的な企画の中身または方向性についても、菊地編集局長と筆者である私が随時話し合いながら、その時々の国際情勢を意識した旬な紙面作りを心がけた。それが成功したかどうかは読者の感想を待ちたい。

刊行に際して、あらためて謝意を表したい人たちがいる。菊地局長を含む東奥日報制作メンバーはもちろんのこと、長き記者生活のマイルストーンとも言うべき長期連載の書籍化を快く許してくれた東奥日報社の塩越隆雄会長、釆田正之社長がそうだ。

取材面では以下の方々がいる。私の度重なる質問にもついぞ音を上げることなく真摯に答え続けてくれた軍事研究家の文谷数重さん、南西諸島取材で心強かった名古屋学院大学教授の飯島滋明さん、与那国取材で世話になった町議の田里千代基さん、マーシャル諸島で手助けしてくれた現地企業MJCCの佐藤恒介さんとJICAの成田吉希さん。

連載終了時に「見事なフィナーレに感動しました。最終回『基地は貧しい地方に?』の見出しに企画の意図がよく表れていると存じます」と、手紙を送ってくれた軍事評論家の前田哲男さん。長時間にわたるインタビューを受けてくれた漫画家のかわぐちかいじさんと安彦良和さん、防衛省では木村次郎政務官と磯間遼太秘書官。

「こんな記事、地方紙はおろか全国紙でも見たことがないよ。県紙の可能性を示している」と電話越しに語ってくれた畏敬すべきルポルタージュ作家の鎌田慧さん。そして毎回鋭い、それも好意的な感想を送り続けてくれた中国政治問題に詳しい安全保障研究家の平田久典さん。「青森県民の視点(疑問)とアメリカ政府・軍部の意図を鮮やかにつないで見せるスケールの大きな連載ですね。鳥瞰図と虫瞰図を同時に見せる『匠の技』です」のコメントにはドキリとさせられるとともに正直うれしかった。地方の視点にこだわるローカリティーを徹底し、それを突き破ることができれば、その先に激動の世界がおぼろげに見えてくるのではないか……と考えながら取材・執筆に取り組んでいた矢先だけに、平田さんのこの言葉は力強く励ましとなった。

何より、連載途中にもかかわらず、大胆にも書籍化を提案してくれた小学館第二ブランドメディア局編集長の今井康裕さんに感謝したい。こうして連載を本にするという作業を通して、30年以上にわたる軍事取材を通して失ったもの、逆に得たもの、いろいろ振り返ることができたような気がする。もちろん前述の〝消耗〟もいやすことができた。あらためてお礼を言いたい。

そして取材に応じてくれた人たちすべてに言いたい。ありがとうございました。

2023年7月末　東奥日報編集委員　斉藤光政

斉藤光政（さいとう・みつまさ）

東奥日報編集委員。1959年、青森県出身。成城大学法学部卒。社会部次長、編集局次長などを経て現職。旧軍・自衛隊・在日米軍関係の調査報道で知られ、平和・協同ジャーナリスト基金賞大賞（2000年）、新聞労連ジャーナリスト大賞（2007年）、石橋湛山記念早稲田ジャーナリズム大賞（2009年）、むのたけじ地域・民衆ジャーナリズム賞優秀賞（2020年）など受賞。2021年に世界遺産となった三内丸山遺跡（青森市）など歴史分野の取材も手がける。主な著書は『米軍「秘密」基地ミサワ』（同時代社）、『在日米軍最前線』（新人物往来社）、『ルポ下北核半島』（岩波書店）、『戦場カメラマン沢田教一の眼』（山川出版）、『戦後最大の偽書事件「東日流外三郡誌」』（集英社文庫）など。

新冷戦考
日本の防衛力の今

令和5年（2023）9月9日　初版第1刷発行

著作者　斉藤光政
発行者　大澤竜二
発行所　株式会社 小学館
〒101-8001 東京都千代田区一ツ橋 2-3-1
（編集）☎03・3230・5901（販売）☎03・5281・3555
印刷所　図書印刷株式会社
製本所　株式会社 若林製本工場
デザイン　片岡良子
編集　今井康裕（小学館）

　ISBN　978-4-09-389137-0